极简设计

从入门到精通

陈根 编著

Minimalist Design

U0213277

 化学工业出版社
·北京·

本书紧扣时下热门的极简设计趋势，主要内容包括极简设计史谈、极简主义产品设计、极简主义空间设计、极简主义服装设计、极简主义平面设计以及极简主义UI设计六大方面，普及了极简设计的相关理念，全面阐述了极简设计在各个设计领域的具体表现和所需掌握的专业技能。

书中各个章节均精选了大量与理论紧密相关的图片和案例，增加了内容的生动性、可读性、趣味性和启发性。

本书可供各领域的设计师、品牌规划师、产品经理、设计管理等专业人员学习参考，同时也可作为高等院校各设计专业的教材和参考书。

图书在版编目（CIP）数据

极简设计从入门到精通/陈根编著．—北京：化学工业
出版社，2018.3
ISBN 978-7-122-31455-0

Ⅰ.①极… Ⅱ.①陈… Ⅲ.①产品设计 Ⅳ.①TB472

中国版本图书馆CIP数据核字（2018）第017113号

责任编辑：王　烨　　　　　　　　　　文字编辑：谢蓉蓉
责任校对：边　涛　　　　　　　　　　装帧设计：王晓宇

出版发行：化学工业出版社（北京市东城区青年湖南街13号　邮政编码100011）
印　　装：北京方嘉彩色印刷有限责任公司
710mm×1000mm　1/16　印张13¼　字数240千字　　2018年5月北京第1版第1次印刷

购书咨询：010-64518888（传真：010-64519686）　　售后服务：010-64518899
网　　址：http://www.cip.com.cn
凡购买本书，如有缺损质量问题，本社销售中心负责调换。

定　　价：89.00元
版权所有　违者必究

万物之始，大道至简，衍化至繁。这句来自于《道德经》的话，道出了极简也是我国古老的智慧和思想。

约翰·帕森（John Pawson）也曾在《极简》（Minimun）一书中所讲："简朴的观念是许多文化共享的、一再重复的理想，它们都在寻找一种生活方式，免于过度拥有不必要的负担。体会物体存在的本质，而不被琐事分心。"

极简设计，顾名思义，就是崇尚极致简约的设计理念。看到这里，或许你已经开始环顾四周，寻找身边的极简风格产品了。是的，它们随处可见：Apple每出一款手机或计算机都会被争相追捧或模仿，如果你身边正好也有一台iPhone，那么你可以发现无论是外形、界面还是配色，每一处设计都给人以简单、干净的感觉。再环视一下四周，你的椅子、桌子、茶几、沙发，甚至商品的包装，你会发现，周围多数产品的设计风格也是简约至上的，装饰的元素越来越少。而以MUJI、IKEA等设计主导的杂货店或家具店早已成为极简设计风格的天下，可见，到了今天，极简主义的设计风格早已深入人心，成为共识。

显而易见，极简主义的风靡与我们现在的生活理念是深深交织在一起的，它所追求的功能至上的原则，主张使用最少的资源来发挥最大的功用，简化生活流程，这在无形之中也切合了我们高效率的生活与工作方式。另一方面，去除一切不必要的元素，并不代表去审美化。相反，设计师们在不断做减法的同时，也为作品注入了更多的理性原则，例如精确计算的弧度、统一的色调或者规则的排列顺序，使作品呈现出一种更为精致的美感。可以说，极简主义是真正属于我们这个时代的设计风格。

本书紧扣时下热门的极简设计趋势，主要内容包括极简设计史谈、极简主义产品设计、极简主义空间设计、极简主义服装设计、极简主义平面设计以及极简主义UI设计六大方面，普及了极简设计的相关理念，全面阐述了极简设计在各个设计领域的具体表现和所需掌握的专业技能。

书中各个章节均精选了大量与理论紧密相关的图片和案例，增加了内容的生动性、可读性、趣味性和启发性。

本书可供各领域的设计师、品牌规划师、产品经理、设计管理等专业人员学习与参考，同时也可作为高等院校各设计专业的教材和参考书。

本书由陈根编著。陈道双、陈道利、林恩许、陈小琴、陈银开、卢德建、张五妹、林道姆、李子慧、朱芋锭、周美丽等为本书的编写提供了很多帮助，在此一并表示感谢。

由于编者水平所限，书中疏漏和不足之外，恳请广大读者予以指正。

编著者

目录

CONTENTS

目 录

CONTENTS

02 Chapter 第2章 极简主义产品设计 / 039

03 Chapter 第3章 极简主义空间设计 / 065

目录

目录

CONTENTS

目录

目录

CONTENTS

什么是极简

Minimalist Design

万物之始，大道至简，衍化至繁。——《道德经》

极简，顾名思义，就是崇尚极致简约的设计理念。在设计领域，它是兴起于20世纪初的一种设计潮流，它主张采用简单、平凡的四边形或立方体来体现设计理念，采用尽可能少的装饰元素和材料，只保留产品最核心的实用功能。

例如，在极简设计潮流兴起之前，沙发的形态应该是这样的，如图0-1所示。然而如今，我们看到的沙发却是这样的，如图0-2所示。沙发还是沙发，坐下去感觉依然那么舒服，但是沙发的外形清爽了很多，好像整个世界立刻安静下来了。

图0-1　复古沙发　　　　　　　　　　　　　图0-2　现代简约沙发

其实，极简设计风格虽然兴起于20世纪初的包豪斯时期，但其背后简约至上的理念却由来已久，广泛存在于不同时代不同地区的思想流派中，其中就有我们无比熟悉的禅宗。禅宗主张"不立文字，教外别传，直指人心，见性成佛。"其意思就是要去除一切烦琐的仪式或程序，甚至连语言都可以抛弃，只保留最本真的部分，这样方能摒弃杂念，顿悟出人生真谛。禅宗的理念与极简风格去除装饰、保留核心功能的主张不谋而合。也许正是这个原因，使禅宗流传最广的日本在后来成为了极简设计的大本营。图0-3所示为日本藤制极简沙发设计。

与此同时，在德国和北欧的一些国家，当时的设计师们逐渐摒弃了专属贵族阶层的烦琐风格，转而崇尚功能至上的理念，在设计上大做减法，只保留其核心部分，慢慢地也带动了极简风格的兴起。正如约翰·帕森（John Pawson）在《极简》（Minimun）一书中所讲："简朴的观念是许多文化共享的、一再重复的理想，它们都在寻找一种生活方式，免于过度拥有不必要的负担。体会物体存在的本质，而不被琐事分心。"

图0-3 日本藤制沙发Fruit Bowl 设计

　　看到这里，或许你已经开始环顾四周，寻找身边的极简风格产品了。是的，它们随处可见：苹果公司每出一款手机或计算机都会被争相追捧或模仿，如果你身边正好也有一台iPhone，那么你可以发现无论是外形、界面还是配色，每一处设计都给人以简单、干净的感觉。如果你身边的手机不是苹果的，而是小米，或者其他品牌的，那么你同样也会发现其也是极简的设计风格。再环视一下四周，椅子、桌子、茶几、沙发，甚至商品的包装，你会发现，周围多数产品的设计风格也是简约至上的，很难找到装饰的元素。而以无印良品（MUJI）、宜家（IKEA）等设计主导的家具杂货店早已成为极简设计风格的天下，可见，如今极简主义的设计风格早已深入人心，成为共识。如图0-4、图0-5所示。

图0-4 无印良品（MUJI）　　　　　　　　　　图0-5 宜家（IKEA）

　　极简主义的风靡其实与我们现在的生活理念也是分不开的，它所追求的功能至上的原则，主张使用最少的资源来发挥最大的功用，简化生活流程，这在无形之中也切合了我们高效率的生活与工作方式。另一方面，去除一切不必要的元素，并不代表去审美化。相反，设计师们在不断做减法的同时，为作品注入了更多的理性原则，例如精确计算的弧度、统一的色调或者规则的排列顺序，使作品呈现出一种更为精致的美感。可以说，极简主义是真正属于我们这个时代的设计风格。

第 1 章

极 简 设 计 史 谈

1.1 极简设计发展史

1.1.1 启蒙时期

19世纪末20世纪初，新艺术运动设计家查理斯·麦金托什（Charles Rennie Mackintosih）已经形成具有明显"极少主义"特征的设计风格。他大量采用纵横交错的直线为基本结构、纯粹的黑白色为色彩核心的几何构成，为现代主义设计形式打下基础，现代设计的经典作品"高靠背"黑色椅子，就是他的代表作之一（图1-1）。工业化技术的发展对西方社会意识形态领域产生了巨大的影响，席卷欧洲的工业革命改变了上层建筑的基础与结构，打破传统意识对人们思想的禁锢，现代室内设计的知识体系的构筑和新的室内装饰的样式的兴起，在思想与意识形态上为20世纪现代建筑的发展铺平了道路。

图1-1 高靠背椅

1.1.2 萌芽时期

进入20世纪20年代，"风格派"作为现代主义的基础，对极少主义产生了明显的影响。荷兰"风格派"（destiji）最显著的特征是把家具、绘画、产品设计、雕塑、建筑等的传统形象特征抽象成最基本的几何元素，并把这些"元素"进行简单的组合。"风格派"的代表人物杜斯博格主张"少风格"（style-less），

图1-2　红蓝椅

他努力寻求更简单、更通用的设计语言，并试图通过减少主义的中性色彩、简单几何结构的形式开拓一种新的国际主义，为极少主义奠定了基础。其中，最能体现"风格派"特征的作品是拥有简单的几何形式、清晰的结构，采用红、黄、蓝三种纯粹的原色等特征的"红蓝椅"（如图1-2所示）。

1932年，美国建筑师菲利浦·约翰逊（Philip Tohson）在纽约现代艺术博览会组织了一次现代主义建筑展览，并与拉瑟·希区克在同年出版了世界上第一部探讨现代主义建筑的潮流与特点的著作《国际主义风格——1922年以来的建筑》（the International Style : Architeture Since 1922）。一战之后西方国家普遍处于大规模重建状态，于是现代主义风格的建筑由于节省生产成本的特性受到追捧，产生了崇尚简化、反对装饰的现代工业化建筑美学，从而出现了一批具有极少主义倾向的建筑。

1.1.3　探索时期

20世纪50年代，出现了强调形式上的"减少主义"，这一阶段称为国际主义阶段。受蒙德里安和康定斯基等人的影响，对极少主义的探索主要是作为第三任包豪斯学校校长以及最早极简主义设计特征由著名的现代主义建筑师与设计师密斯·凡·德·罗提出的经典设计名言"少即是多"而流行于设计领域。密斯的"少则多"的理念受到众多设计师的推崇，他的许多设计被当作典范。这种"减少主义"使得设计师在设计时会首先考虑作品的形式而不是其功能。密斯1927年设计的"巴塞罗那椅"（如图1-3所示）突破了材料的限制，使用当时从未使用过的皮革和钢条来制作家具。以材料的方式来改变传统的形式的同时，也满足了对功能的需要，使这把椅子成为里程碑式的经典设计。

密斯的众多设计体现了极简主义的设计理念，同时也激励设计师们在

图1-3　巴塞罗那椅

图1-4 蒙德里安作品《构成A》

创作时，若有些许突出的思想，应该精简思想，提炼出独一无二的独特观点来表达自己的设计思想。其独特的"少即是多"设计原则对艺术和其他领域也产生了广泛的影响，尤其是成为达到纯艺术效果而削减形式的极简主义运动所继承的设计原则。

第二次世界大战结束后不久，大批欧洲的建筑师移民到了美国，其中包括密斯、柯布西埃等大师，把西方的现代主义建筑思想与风格，尤其是包豪斯的设计精神与教学理论带到了美国。经过了空前的发展，形成了20世纪设计史上最富影响力的风格样式——"国际主义风格"。密斯提炼了国际风格，并把风格派及其蒙德里安的观念表达在建筑创作上，主张设计形式的简单，高度的功能和理性化，形成纯造型的抽象。如图1-4所示为蒙德里安作品。

1.1.4 发展时期

20世纪60年代，产品设计领域存在着对后现代主义的探索，企图改变现代主义的单一化和垄断化，依照现代主义、减少主义的要义而设计，探索创新这两个对立方向的探索。相应的设计阵营是宙斯设计集团（the Zeus Group）和孟菲斯集团（Memphrs）。宙斯的产品代表着谨慎的、功能的、实用的主张，主要生产性能俱佳、简洁实用、以人为本的产品；孟菲斯的产品代表着奢华的、视觉的、潮流的风格，主要生产私人定制的、忽略人本价值的奢侈品。"宙斯"的设计范围十分广泛，涉及纺织品、家具、平面设计等，其设计风格统一，具有明显的极少主义特征。其代表人物包括毛里佐·佩里加利（Maurizio Peregalli）和菲利普·斯塔克（Philippe Starck）。

火星人榨汁机（Juicy Salif）是菲利普·斯塔克1990年为意大利家用品品牌Alessi设计的，是他最为著名的一件代表作，绝大多数人，哪怕是与设计行业完全不相关的人，或许都看过这件作品，它的知名度，堪比麦当劳和可口可乐之于大众的认知度，这件设计在某种程度上，简直可以成为菲利普·斯塔克的一个符号，是他简约主义风格的最集中、最经典、最彻底、最完美的体现。

评论家认为这是一件表达惊悚之感的作品，外形像蜘蛛或者是火星人的飞行器，去掉了一切多余的装饰元素，通体采用抛光的金属材料，极其洗练并且将形式与功能完美地结合起来。火星人榨汁机（Juicy Salif）在现代设计师上绝对占有不可磨灭的地位，以至于Alessi在它的产品宣传册上，建议用户不要使用它，而是将其作为摆设，事实上，大部分购买它的顾客，确实是被其雕塑般的优雅设计所吸引的，在某种意义上，火星人榨汁机（Juicy Salif）的艺术价值早已超越其使用价值，或许称之为艺术品更为合适（图1-5）。

图1-5　菲利普·斯塔克设计的火星人榨汁机

建筑设计要符合实际的物质生产条件，其功能性和经济性要满足社会需求；主张在结构、材料、建筑样式上进行大胆的创新；主张发展新的建筑美学。这种新的美学原则包括：表现手法和建造手段的统一；建筑形体和内部功能的配合；建筑形象的逻辑性；灵活均衡的非对称构图；简洁的处理手法和纯净的体型；在建筑艺术中吸取视觉艺术的新成果。20世纪60年代，这种探索具体到建筑设计领域中，称为"新现代主义"（Neo-Modemism），如贝聿铭设计的卢浮宫金字塔（图1-6）。

图1-6　卢浮宫金字塔

1.1.5　成熟时期

20世纪80年代至今，极少主义设计在这段时期有着更深层次的思考。极少主义从一种潮流和主张，在融入了哲学辩证、禅宗思想的精神意义之后，变成了一种应对高速社会发展，人际关系紧张的解药和心灵鸡汤，极少主义的工业设计产品深入到生活的方方面面，以日本著名品牌无印良品、正负零为代表。而其中具有代表性的设计师有深泽直人、原研哉、马克·纽森（Marc Newson）等。

在20世纪80年代，设计潮流被后现代主义、解构主义引领，而到了20世纪90年代，在建筑领域，极少主义倾向则大肆流行。极少主义那种"既不流通也不有机，既无装饰也无符号，既不变形也不扭曲"四四方方围合起来的空间会有如此震撼人心的力量。早在肯尼思·弗兰姆普顿1980年出版的《现代建筑：一部批判的历史》中就指出，当代建筑只有两条路有发展意义，其中之一就是依据密斯"少即是多"的思想，极致的追求功能性。如今极少主义倾向的建筑在简洁的形态下，更注重将材料与构造作为重点来表现，这种表现是建立在地方化特色之上的地域性的细部特征，并在极少主义艺术的持续影响下更注重对人的心理感受的影响。

建筑评论家兰普尼亚尼（Vittorio Magnago Lampugnani）认为今天的极少主义具有"简洁、纯净、秩序、精致、沉默、持久"等特征。显然，极少主义的设计思想理念是在随着时代发展的同时不断地自我否定、自我革新中螺旋上升的，这也体现了它持久而强有力的特点。

1.1.6　多元化时期

20世纪的最后十年，世界在经济、政治及文化思潮上进入了多元化时代，这促使了边缘化思想盛行及秩序的混乱。由此人们开始反思后现代主义的设计理念及风靡一时的前卫建筑。如今极少主义建筑注入新的思想内容，对流通的开放空间的关注，对当下流行的后现代主义建筑与室内设计的形式的突破。建筑对话的"直白"隐含着丰富的艺术效果以及对建筑空间的思考。

1.2 艺术领域的极简主义

1.2.1 极简主义绘画

对极简主义绘画产生影响的理论有三个，分别是平面几何的、简约的表现形式的马列维奇"至上主义（suprematism）"；以大尺寸的色彩油画为主，对极简主义画家巴耐·纽曼（Barnet Newman）和罗斯科（Mark Rothko）产生重要影响的康定斯基"表现主义"；追求一种"遍"而非"个别"的艺术形式，去除作品中的形象暗示，线条、色彩都趋于中性化，从而得到纯粹的造型，并且强调造型的客观存在的蒙德里安"造型主义（neoplasticism）"。蒙德里安的绘画理念为极少主义绘画的发展指明了方向并产生了直接且积极的影响，预示着几何性与抑制表现性是极少主义的坦途和捷径，这在极少主义代表人物的作品中能够明显体现出来。

极简主义绘画艺术秉承着尽可能少的手段、方式来进行感知与创造的，去除一切多余和无用的元素，以简洁的形式客观、理性地反映出事物的本质的原则。经过艺术家们的探索和努力，最终涌现出众多极具代表性的极简主义画家，如巴耐·纽曼（Barnet Newman）、阿德·莱因哈特（Ad Reinhardt）、戴维·史密斯（David Smith）、佛兰克·斯提拉（Frank Steiia）、艾格尼丝·马丁（Agnes Martin）等。其中纽曼是公认的极简主义绘画的代表人物。他的作品多具有尺寸大、画布几乎无肌理、光洁平滑、色彩对比强烈等特点。一条或多条垂直线贯通全画，打破单一的色块的构成。正如评论家约翰·贝罗所言："极少主义艺术中最少或似乎最少的是手段，而不是作品中的艺术"。这也是对纽曼作品的精确概括。如图1-7所示为巴耐·纽曼极简绘画作品。

图1-7　巴耐·纽曼极简绘画作品

1.2.2 极简主义雕塑

极少主义雕塑最初被称为"最初级的雕塑",它同样主张通过极为简单的、几何化的形式反映艺术的客观性。极简主义的英文是"minimalism",词根是"minimal",是极简的意思,这个词当时也作为标签来形容在特别简单荒谬地减少艺术内容的雕塑。而这种艺术约于20世纪60年代在美国纽约开始发展起来,是一种极为简单、直截了当的、客观的表现方式。极简主义雕塑同样也是对抽象表现主义进行的一种革命,最原始的物本体或形式表现于空间与场域里,试图消解作者通过作品对观者意识的强迫形式,极少化作品在传统意文中表现出来的暴力感,让观者参与到作品的解读与延续当中,使之也成为作品的建构者。极简主义的雕塑同样受到极简主义绘画的三大主义的影响之外,还受到由弗拉基米尔·塔特林(Vldaimin Tatlin)等人进行俄国构成主义的影响,塔特林和马列维奇有着对抽象一致的看法,创造性地使用金属、玻璃等非传统材料,以及对空间尺度的准确把握,逐渐影响极简主义雕塑的成型并确定风格。如图1-8、图1-9所示为弗拉基米尔·塔特林作品

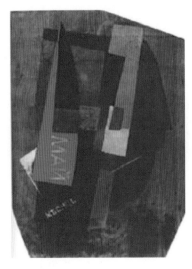

图1-8 《绘画浮雕》　　　　　　　　图1-9 立体构成作品

在塔特林后的唐纳德·贾德(Donald Judd,1928—1994)成为了极简主义雕塑的代表人物,他不仅是雕塑家还是理论批评家,因此他常将客观的态度,甚至用精确的数学计算来打造雕塑。他常用金属板或有机玻璃做成相同的单元,并以相同间隙摆放,其作品有《无题》等。他坚持塑造对称且相同的重复单元形式的雕塑,区别于早期的构成主义或者抽象绘画。唐纳德认为"艺术是不涉及任何东西的——它是它自己"。如图1-10所示为唐纳德·贾德的作品。

极简主义雕塑家的另一代表人物是卡尔·安德鲁（Carl Andre），在他的创作中非常强调"事物原本的状态"，因此他将雕塑的定义扩展到形体、空间、场所。他的作品展示了他对事物基本结构的认知，什么是万物的基本构造。在他的展览中，经常可以看到展览馆的地面拼接着一些色泽朴实，看似普通却又引人注目的金属板。极简主义关注表面材料和色彩，实质不是去掉装饰，而是赞美形式、赞美空间。如图1-11、图1-12所示为卡尔·安德鲁的作品。

图1-11　卡尔·安德鲁《未雕刻的木块》

图1-10　唐纳德·贾德作品《无题》　　　　图1-12　卡尔·安德鲁《Lever》

1.2.3　极简主义音乐

什么是极简主义音乐？

运用尽量少的音乐材料，以"小单元"的形式使之不断重复，在重复中产生渐变、发展、延伸，这是常人对极简主义音乐最简单的理解。

这个流派能列出的作曲家不多。泰利·莱利、拉蒙特·杨、史蒂夫·莱

图1-13　作曲家史蒂夫·莱希

希（图1-13），是第二次世界大战后并驾齐驱于美国的极简主义作曲家代表，菲利普·格拉斯和约翰·亚当斯，则是后来者中的"扛大旗者"。通俗音乐里，汉斯·季默也曾在《盗梦空间》、《星际穿越》中广泛使用极简主义手段，配出惊艳又让人满怀惆怅的声乐。

短小片段的不断反复，是多数人对极简主义音乐的第一印象。这其中重复的可以是动机、节奏、音高，在重复中使用渐变效果，最终可形成结构和布局皆庞大的作品。无目的性则是极简主义音乐的另一种特质，它的音乐走向没有必然的开始、发展、高潮、结尾的起伏套路，而是可以从一个小单元发端，永远进行下去。

作曲家史蒂夫·莱希的极简主义创作始于《小雨将至》（1965）。"1962年正值古巴导弹危机，不少美国人包括我自己都被当时的恐怖气氛感染，这成为这首磁带作品的创作缘起。"作曲家以不同速度播放两个或多个相同的循环片段，各声部分离产生细微变化，经过一段周期反复又产生部分内容的同步，最终造就了一段"世界末日"般的幻象。

泰利·莱利作于1964年的《C调》，通常被视为极简主义的开山之作。这部长四十多分钟的作品没有完整乐句，只由53个不断重复的旋律音型模块组成，乐曲表面节奏则由均匀的八分音符C音控制。再比如拉蒙特·杨的《弦乐三重奏》，开头五分钟只有C、E、D三个音符的独立与融合进行，《死亡圣歌》则运用"A AB ABC ABCD"同音型逐次叠加反复的方式，让音乐得以横向扩充……

说到底，极简主义音乐挑战的是人对时间、空间的认知，它的真正威力，在于能制造出足以改变人知觉意识的"时空感"。这种改变以一种潜入意识的渗透，让人不知不觉走进了层层叠叠而没有终点的时空里。

如今，有音乐家以德国作曲家约翰·塞巴斯蒂安·巴赫（Johann Sebastian Bach）一生中最伟大的作品之一《平均律钢琴曲集》为基础，汲取了来自极简主义雕塑和图形符号的灵感，替代了20世纪50年代演变成的传统的乐谱符号，并且加入了抽象的符号和视觉实验代码拍摄了这部极具视听效果的短片。在一座空旷的建筑里，每一盏灯都是一个乐谱符号，随着音乐响起，房间里的灯被一盏盏点亮。如图1-14所示为极简主义创意音乐短片。

图1-14　极简主义创意音乐短片《钢琴点灯》

1.2.4　极简主义文学

极简主义文学产生于20世纪七八十年代，其文风以简约与荒凉而著称，它注重表面描写，通过上下文来表达小说未尽的意思，同时希望读者在阅读时能参与到文本的解读与再阐释中。题材方面，它与同时代所流行的"宏大叙事"背道而驰，将关注焦点转向普通老百姓的日常生活，尤其是生活困厄的蓝领阶层。

"极简主义"文学的诞生，受到了海明威与契诃夫两名著名作家的影响。

海明威的"冰山理论"强调作家应只写出八分之一的冰山一角，而把八分之七的隐含意义留给读者自己去揣摩、把握和组建。从某种意义上说，这与接受美学充分发挥艺术接受者的主观能动性的主张不谋而合。而极简主义文学简约的叙事特色则与海明威的文学主张有着

图1-15　海明威

传承的关系，但不同的是，在"极简主义"文学作品里，少了海明威式的英雄气概，弥漫其中的却是一种与时代脱节的无奈与绝望（图1-15）。

"极简主义"文学另一大特点就是关注日常生活中的平凡人物，这与契诃夫的文学主张互相契合。俄国现实主义作家契诃夫有着朴实、简练的风格，他善于用简洁的文字来表现深刻的主题，再现"小人物"的不幸与悲惨。而在"极简主义"文学中，小说人物最显著的特色就是大家都是普通的蓝领工人，他们或失业、或家庭破碎、或沉沦酒精，在社会中没有任何的话语权，小说注重刻画他们浑浑噩噩的精神状态（图1-16）。

说起极简主义文学，许多读者可能闻所未闻，但只要是看过2015年奥斯卡大赢家《鸟人》（Birdman）的影迷，一定都会记得男主角Riggan Thomson所苦心孤诣改编的舞台剧《当我们讨论爱情时，我们在讨论什么》（When We Talk About Love，What Do We Talk About）。这部舞台剧改编自美国著名作家雷蒙德·卡佛的同名短篇小说（图1-17）。

卡佛不仅是极简主义文学的领军人物，更是20世纪下半叶继海明威之后美国最具影响力的短篇小说作家之一。他淋漓尽致地演绎了"少即多（Less is more）"和"沉默是金（Slience is gold）"的文学理念，为当代的美国文坛抹上了浓墨重彩的一笔。如图1-18所示为雷蒙德·卡佛。

图1-16　契诃夫　　　　　图1-17　译版《当我们讨论　　　　图1-18　雷蒙德·卡佛
　　　　　　　　　　　　　　　　　爱情时，我们在讨论什么》

其实卡佛的短篇小说《当我们讨论爱情时，我们在讨论什么》只描写了一个场景，即尼克、劳拉夫妇与梅尔、特芮夫妇在一起喝酒聊天，四人对"爱情是什么"发表自己的想法。但在电影《鸟人》（Birdman）中，除了小说中原定的情节外，还延伸出了尼克发现梅尔与劳拉偷情，最后在绝望中饮弹自尽。这些剧情设定与"极简主义"的文学主张互相契合，并在某种程度上折现出男主角Riggan的内心世界与精神状态（图1-19）。

图1-19　电影《鸟人》场景

让·菲利普·图森（Jean-Philippe Toussai）也是极简主义小说的代表人物，他的小说《浴室》、《先生》和《照相机》等均有不俗反响，他常从叙述者的身份把一切事物和现实"叙述"出来，却不参与到任何他所描述的事件中去，情节平淡无奇，让读者觉得既简单易读又深奥难懂，但用这种极端且冷静的描写手法却将当代人物的特性表达得淋漓尽致。习惯上我们认为小说是作者感性或理性的主观意识在现实中的投影。正如作者自己所说："在该本书中，我什么也没写，几乎一无所有。"如图1-20所示为让·菲利普·图森的小说作品。

图1-20　让·菲利普·图森的小说作品《浴室》、《先生》和《照相机》

除了雷蒙德·卡佛，"极简主义"文学代表人物还有费雷德里克·巴塞尔姆、安·贝蒂、托拜厄斯·伍尔夫与理查德·福特。而"极简主义"文学是"后现代主义"小说进入瓶颈期后所产生的逆动发展，它的影响也超越了美国本土，村上春树曾多次表达极简主义文学对他写作的启发，此外，他还是日语版卡佛小说的翻译者；苏童是卡佛的忠实拥趸，他拜读过卡佛的所有作品；余华也十分喜欢这种朴实的文风，他曾表示："当一个作家没有力量的时候，他会寻求形式和技巧；当一个作家有力量了，他是顾不上这些的。使用各种语言方式，把一个小说写得花哨是太容易的事。让小说紧紧抓住人，打动人，同时不至于流入浅薄，是件非常不容易的事情"。

1.2.5 极简主义摄影

极简主义摄影是"少"与"极致"的艺术，一幅好的极简主义风格的摄影作品，力求用最简单的表达来传递思想，不要求照片风格简约明了、主体突出。艺术摄影作品要让主体的元素尽可能的少，背景单纯，让单一的元素产生深邃的思考。极简主义摄影中渗透着"少即是多"的哲学，甚至我国的"一行白鹭上青天""竹外桃花三两枝"等诗词佳句所呈现的简约而富有意境的画面也是异曲同工的极简主义审美。如同水墨画的"留白"技法，用简单的元素、线条、图形构成的画面，没有背景，没有多余的事物，剩下的空白供人遐想。在摄影的世界里，做减法比加法难。极简主义摄影师的代表有 Eric Marrian、Andrew Zuckerman、Josef Schulz、Kenji Aoki、Chema Madoz 等。 如图1-21所示为 Andrew Zuckerman 的作品。

图1-21　Andrew Zuckerman 的作品

Eric Marrian，法国摄影师，出生于1959年，现居巴黎，他在2005年大胆尝试极简主义人体摄影，将身体的曲线净化成近乎仅是黑白的线条。如图1-22所示，我们可以从他拍摄的《白色方块》将让你感受极简主义人体大片带来的震撼。在这组作品中，黑色与白色勾勒出人体的曼妙轮廓，将关注点放在局部而舍弃整体的手法让人体摄影上升为艺术摄影，完美的曲线、朦胧的线条让观者对人体产生崇敬圣洁的爱慕，"可远观而不可亵玩"用于这组作品最为恰当。

图1-22　Eric Marrian极简主义人体摄影《白色方块》

原研哉赋予无印良品的设计理念是"空（emptiness）"，从产品设计到海报宣传，都没有太多的语言，无印良品成为将过剩的设计加以彻底省略的经典。藤井保，作为无印良品MUJI御用摄影师，为了拍到完美的地平线，最终选择了玻利维亚的乌尤尼的盐湖和蒙古的大草原。如图1-23所示，最后呈现出的作品中，地平线一个人孤独地伫立着，象征着地球与人类的终极组合……

图1-23　无印良品MUJI极简主义摄影

1.2.6 极简主义电影

极简主义美学电影突出的风格特点是从摄影、色彩、对白、音乐和表演等方面来营造的；也从电影本身的叙事策略，即主题表达、人物塑造和叙事手法等内容结构甚至是主题思想的表达来体现。代表人物有芬兰唯一一个具有世界性影响的导演阿基·考里斯马基、法国著名导演罗贝尔·布列松和日本的小津安二郎等。如图1-24所示为阿基·考里斯马基的电影作品。

图1-24　阿基·考里斯马基电影作品《不良家族》

1.3　极简主义设计师名录

1.3.1　路德维希·密斯·凡·德·罗——"少即是多"

路德维希·密斯·凡·德·罗，著名建筑设计师，德国工业联盟重要成员，现代主义运动的代表人物之一，设计艺术教育家，包豪斯的重要成员。

"少即是多"是由他提出的。但又绝不是简单得像白纸一张，让你觉得空洞无物，根本就没有设计。

于1928年发表的"少即是多"的名言集中反映了其建筑观点和建筑特色。"少"不是空白而是精简,"多"不是拥挤而是完美。密斯在建筑的处理手法上主张流动空间的新概念。他的设计作品中各个细部精简到不可精简的绝对境界,不少作品结构几乎完全暴露,但是它们高贵、雅致,已使结构本身升华为建筑艺术。密斯的建筑艺术依赖于结构,但不受结构限制,它从结构中产生,反过来又要求精心制作结构,"少即是多",密斯对他的学生如是说:"我希望你们能明白,建筑与形式的创造无关。"1929年他设计的德国巴塞罗那展览会德国馆是这样一个例子。那大片的透明玻璃墙,轻盈的结构体系,深远出挑的薄屋顶,似开似闭的空间印象……整个建筑犹如从山谷吹来的清新的风,让人一下子从满眼繁杂的装饰建筑中解脱出来。"少即是多""流通空间""全面空间"从这座存在时间很短的建筑中你都能体会到或预测到。的确,这就是密斯风格的最经典注解,是这个从德国小城走出来的建筑大师最经典的写照。如图1-25所示为德国巴塞罗那展览会德国馆。

图1-25　德国巴塞罗那展览会德国馆

密斯·凡·德·罗的设计活动不仅仅集中在建筑活动,而且也涉足家居设计,他设计的钢管椅、巴塞罗那椅由托纳公司以MR-534为代号生产多年,以大方、简洁、坚固、轻便而无与伦比,在1929年的美国市场上开始销售,甚至今天人们还在使用,此外在设计教育上,密斯·凡·德·罗主持包豪斯工作的几年中，虽然受到政治因素的影响，但他还是尽最大的努力对包豪斯进行了一系列有益的尝试，使包豪斯的教学恢复正常。

密斯·凡·德·罗，作为现代主义设计的杰出代表人物，无论是从建筑理念还是建筑实践，对现代主义的发展都有重大影响。

1.3.2 迪特·拉姆斯——"少，却更好"与好设计"设计十诫"

少，却更好？听起来是不是顺耳多了呢？没错，这不是在叫板路德维希·密斯·凡·德·罗大师，这是另一位大师迪特·拉姆斯（Dieter Rams）提出的设计理念（图1-26）。

图1-26　迪特·拉姆斯

迪特·拉姆斯，德国著名工业设计师，他与他的设计团队为博朗设计出了很多经典的产品，包括著名的收音留声机SK-4和高品质的D系列幻灯片投影仪D45、D46。1960年（28岁）他为家具制造商维松（Vitsoe）设计606万用置物柜套装而闻名于世。这套家具延续了系列模块化的设计理念，拉姆斯几乎尽他所能把这套家具系统做到完美。这套家具颜色上采用朴素的白色基调，造型上方形和直线的元素运用得恰到好处。整体视觉上，这套家具与书桌、茶几、书柜可以相互间完美搭配，一点都不突兀。他的许多设计，如计算器、榨汁机、收音机、音响和家具用品，已成为世界各地博物馆的永久收藏。如图1-27所示为606万用置物柜套装。

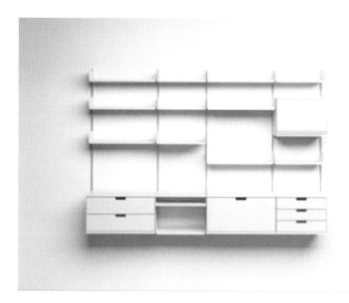

图1-27 606万用置物柜套装

他提出的"少，却更好（Less, but better）"是著名的极简设计理念，与路德维希·密斯·凡·德·罗的名言"少即是多（Less is more）"形成有趣的对比，而他的"设计十诫"在设计界影响深远，成为当代工业设计的典范。

（1）好的设计是创新的（Good design is innovative）；

（2）好的设计是实用的（Good design makes a product useful）；

（3）好的设计是美观的（Good design is aesthetic）；

（4）好的设计是易懂的（Good design helps a product to be understood）；

（5）好的设计是低调的（Good design is unobtrusive）；

（6）好的设计是诚实的（Good design is honest）；

（7）好的设计耐用的（Good design is durable）；

（8）好的设计是严谨的（Good design is thorough to the last detail）；

（9）好的设计是环保的（Good design is concerned with the environment）；

（10）好的设计是极简的（Good design is as little design as possible）。

1.3.3 彼得·菲施利和大卫·魏斯——"少即是多"与"如何更好地工作"

"少即是多"的理念被越来越多的人所接受，甚至走出了设计界。瑞士艺术家彼得·菲施利（Peter Fischli）和大卫·魏斯（David Weiss）将"少即是多"融入到生活理念中，提出了"如何更好地工作"的理念，并将这10句话印在苏黎世一座办公大楼的外墙上。

这10句话如下所述：

（1）一次只做一件事情（Do one thing at a time）；

（2）知道问题所在（Know the problem）；

（3）学会倾听（Learn to listen）；

（4）学会提问（Learn to ask questions）；

（5）区分好与坏（Distinguish sense from nonsense）；

（6）接受变化（Accept chance as inevitable）；

（7）承认错误（Admit mistakes）；

（8）言简意赅（Say it simple）；

（9）冷静（Be calm）；

（10）微笑（Smile）。

1.3.4 马克·纽森——柔和极简主义

当代最受欢迎的工业设计大师非马克·纽森（Marc Newson）莫属，这个崇尚"柔和极简主义"设计风格的设计师，以和谐而大胆的弧线造型见长，通过引入温暖自然的设计元素，消减了高科技工业所带来的冰冷、坚硬感。

在学生时期，马克·纽森就疯狂地迷恋上了椅子。纽森创造的"玻璃钢烟窗椅子Felt"和"胚胎"（Embryo）两把椅子，被设计界誉为世界十大值得收藏的椅子。

这款Felt椅拥有十分优美的曲线椅面，恰好可以满足一个人悠闲地靠坐在里面，突显了柔软的线条，也印证了这位"为世界制造曲线"的设计师独特的简约审美。

该椅有多种材质和颜色可供选择，比如以玻璃纤维强化的聚酯纤维材料（Fiberglass）或者皮革（Leather）制作，椅子的支架选用天然铝材，经特殊技术抛光，最后上漆处理。这款椅子还有黄色、橘色、红色、绿色、蓝色、白色和黑色等多种选择（图1-28）。

图1-28　Felt椅

胚胎椅（Embryo Chair）的造型十分独特，模仿了子宫内的胎儿，胚胎椅（Embryo Chair）最大的特点是将雕刻般的造型和柔软的材质有机地结合了起来——铬钢结构里填充了模塑聚氨酯泡沫，并以双向弹性固定织物覆盖，凸显出设计师"柔和极简主义"的设计风格。另外，这款椅子拥有三只椅腿，舒适且耐人寻味。

胚胎椅（Embryo Chair）有多种色彩可供选择：生机勃勃的绿色，阳光灿烂的黄色，性感靓丽的玫红色，还有时尚温馨的橙色等（图1-29）。

马克·纽森设计的全铝片手工钉嵌的躺椅、弯曲的台灯等，曾出现在麦当娜的大碟《Rain》、好莱坞大片《奥斯汀的力量》里。2006年，他的杰作洛克希德躺椅（Lockheed-Lounge-Chair）已是世界上最贵的椅子（图1-30）。在索斯比拍卖会上，这把椅子创下在世设计师拍卖纪录——96.8万美元。

图1-29　胚胎椅（Embryo Chair）

　　在巴黎、伦敦或者纽约全球各大博物馆里漫步时，你可能遭遇到纽森各个年龄段设计的作品，有时甚至只是一个抽屉模型。

图1-30　洛克希德躺椅（Lockheed-Lounge-Chair）

"在设计中，我特别沉迷于科技、材料和工序这三样东西。"纽森说。一次，他把铝片制作成只有1.2mm厚度，以便于设计出椅子弯曲的弧度。他还把一块差不多100t的大理石弄弯了，制作出一把椅子。如图1-31、图1-32所示为纽森的设计作品。

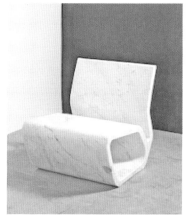
图1-31　大理石椅子

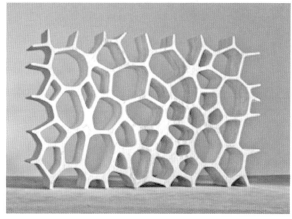
图1-32　大理石书架

"没有人相信大理石是可以弯曲的，但我可以做到，我寻找到的一个纯净的方法，来表达自己。"纽森解释道。纽森说："我喜欢设计椅子，但又不想满地都是椅子。"于是，他设计出一些有趣的室内空间，把椅子变成一个结构，它们同时可以成为一个个雕塑。接着，纽森继续突破，因为找不到喜欢的手表，他和瑞士一家手表商合作，自己设计、生产了艾克宝（Ikepod）腕表（图1-33）。

他随心所欲，从室内设计、家具桌椅，迅速游走到私人喷汽飞机、汽车、家饰用品等各个领域。如图1-34 ~ 图1-36所示为纽森的设计作品。

图1-33　艾克宝（Ikepod）腕表

图1-34　每张售价达12万美金的限量版Chop Top桌子

图1-35　Dish Doctor碗碟架　　　　　　　图1-36　为阿莱西设计的提坦肥皂盒

　　马克·纽森负责设计的福特021C概念车，是全世界最受年轻人喜爱的概念车之一。这一次，他将一种更具年轻人的乐趣和讨人喜欢的概念，付诸汽车制造的实践。如果叫孩子们画一幅他们心目中的汽车，估计和021C有很多相似之处。"我觉得设计师，特别是年轻的设计者，要有信心跨越不同行业。"他表示，"设计一辆车、一架飞机，或者一双鞋子、一个香水瓶，我觉得都差不多。只不过是规模不同，过程一样、技术一样，材料也可以相通。"如图1-37所示为福特021C概念车。

图1-37　福特021C概念车

世界最大的卫浴品牌——美标也重金请出纽森设计出个人风格十足的套间产品——Moments系列（图1-38）。该套间以极简的设计营造出奢华的风格，大气的黑白灰色调配合极富现代感的几何造型。梳洗柜与台盆相得益彰，从圆形的宽大把手中衍生出独特趣味和想象力。坐便器秉承了后工业时期的设计风格，仿佛是对雕塑作品的怀旧。大尺寸的浴缸宽敞舒适、线条简洁、造型规整，却让人联想到华丽的享乐主义。富有创意的旋钮式设计的水龙头则在细节中流露出优雅。这一系列，成为了纽森对"柔和极简主义"的再一次成功演绎。

图1-38　美标Moments系列

《时代》周刊将这位鬼才设计师评选为全球最具有影响力的百人之一，称他为"一个为世界制造梦幻曲线的人"。

1.3.5　彼得·沃克——"物即其本身"

随着西方，尤其是美国在20世纪60年代遭遇了前所未有的"能源危机"，社会变得日益动荡不安，这种急剧的变化使得人们不得不从各方面进行严肃认真的反思，艺术家们当然也无法置身其外。于是，各种新兴的艺术类型，肩负着反映社会各阶层现实状况的使命出现在历史舞台上，这其中就包括有极简主义。

彼得·沃克，1932年生，当代国际知名景观设计师，"极简主义"设计代表人物，美国景观设计师协会（ASLA）理事，美国注册景观设计师协会（CLARB）认证景观设计师，美国城市设计学院成员，美国设计师学院荣誉奖获得者，美国景观设计师协会城市设计与规划奖获得者。他有着丰富的从业和教学经验，一直活跃在景观设计教育领域，1978—1981年曾担任哈佛大学设计

图1-39 《看不见的花园》

研究生院景观设计系主任。1983年于加利福尼亚州伯克利市成立了彼得·沃克合伙人景观设计事务所。他最著名的著作是与梅拉尼·西蒙合作完成的《看不见的花园：寻找美国景观的现代主义》（图1-39）。

彼得·沃克将极简主义解释为：物即其本身（The object is the thing itself）。"我们一贯秉承的原则是把景观设计当成一门艺术，如同绘画和雕塑。所有的设计首先要满足功能的需要。即使在最具艺术气息的设计中还是要秉承功能第一的理念，然后才是实现它的形式。例如：柏林的索尼总部首先是一个公共广场，它的设计十分别致，令人难忘。但是它的设计与形象是在相互依赖中共存的。"

彼得·沃克有着超过50年的景观设计实践经验，他的每一个项目都融入了丰富的历史与传统知识，顺应时代的需求，施工技术精湛。人们在他的设计中可以看到简洁现代的形式、浓重的古典元素、神秘的氛围和原始的气息，他将艺术与景观设计完美地结合起来并赋予项目以全新的含义。

1.3.6 原研哉——最美的设计是虚无

原研哉（はらけんや、1958年生于日本），日本中生代国际级平面设计大师、日本设计中心董事、武藏野美术大学基金会教授，无印良品（MUJI）艺术总监。

原研哉这个名字，似乎已经成为了日系设计中极简、留白、自然之美的代名词，日系设计中那些最经典的元素都能在原研哉的设计中得到充分体现。作为日本设计师的代表之一，他坚持保留设计风格的特色性、民族性。

世界化的设计，在原研哉心目中，是不存在的、是不合逻辑的，"日本的设计就永远是日本的设计。就以MUJI为例，永远都不会由一个日本品牌变成世界品牌。总共6000多个项目的MUJI，都是由当地拥有共通语言的设计师，以当地人的生活模式及习惯为基础而完成的设计。作为一个有悠久设计历史的国家，我们并不热衷于成为全球化的一分子，过分单纯化的普及是我们必须努力避免的。"

除了对设计风格的执着，原研哉还重视设计与生活的联系，这也正是日系设计的特点之一。这个一头银发戴着设计极简的银丝眼镜的中年人无时无刻不在观察着生活的变迁，世界的变化。和我们不同的是，他在面对各种变化的时候，喜欢把所有复杂的、繁乱的、色彩缤纷的东西划归到一个永恒的起点来重新审视。

原研哉的设计具有实验性，却又根植于传统价值观当中。他摒弃了日本众多设计作品中诡秘的色彩，在寂静中寻找人和设计存在的意义，这种思想的生长是一个缓慢而又有机的过程，充满了对过去、现在的审视和取舍；他面带微笑地看着我们这个世界的变幻莫测，然后用一种极简的方式解构重重褶皱，给我们一个最清晰的答案和想法。这样的价值观原研哉最擅长用白色来体现。

在他的眼里，留白并不是作为功能的一部分而存在，白色本身就是一种美感。这恐怕根源于原研哉受传统日本文化的洗礼，和想包容一切的西方意识不同，日本的传统空间意识是空白的部分叫空间，在那里有闲逸和紧张的空感和气氛，从他对作品整体的空间和造型的细腻描写，以及对空间的取舍、空间意识等使我们看到日本传统空间的一端。这在他最为人称道的为日本梅田医院设计的指示牌中体现得最淋漓尽致（图1-40）。

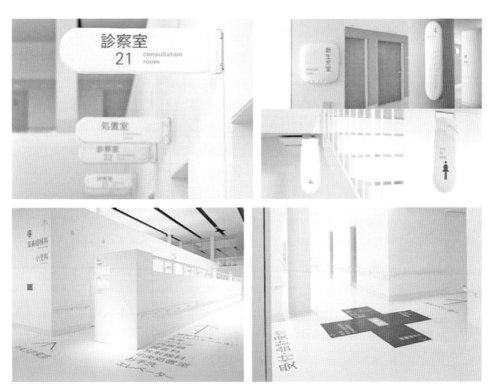

图1-40　日本梅田医院视觉识别系统Ⅳ设计

　　他设计的所有指示牌都用白色棉布为材质，上面用红色标明楼层、诊室的名称。他解释说，白色给病人以优雅、洁净的感觉。它在提供病人需要的信息的同时，也潜移默化地传达了这所医院对卫生的苛求——即使纯净的白色棉布也能一尘不染。这在医院这种注意力高度集中而充满紧张感的空间世界里实现了一种感觉消费的不断升华。

　　日本机场的出入境印章就采取了这种"再设计"理念，出境印章上是向左飞的飞机，入境印章是向右飞的飞机。由此，出入境手续一目了然，看到这样别出心裁而又实用的印章，几乎每个人都会惊叹一声（图1-41）。

图1-41　日本机场出入境印章

　　从2002年开始，原研哉介入到无印良品的设计工作当中。在此之前，他曾梦想过为这个自己深爱的品牌做一个精致的设计，直到无印良品的缔造者田中一光找到他并希望他能作为新生代的力量加入到无印良品的设计工作中时，他发现自己的预感变成了现实。

　　原研哉之所以钟爱这个品牌，也是因为田中一光善于从日常生活中寻找对品牌的全新解读。原研哉无疑更加深化了这一概念，他将无印良品的设计核心定位——"虚无"，广告本身抛弃商品信息，呈现一个看似空无一物却又海纳百川的容器。

　　为了给无印良品做出最理想的海报，原研哉从东京出发，辗转来到南美洲人迹罕至的鸟狄尼市。他在这里找到了完整的地平线。一个巨大的干涸的盐湖和远处天际相交，目力所及，除了地平线外就是一片虚空。

　　他们选择在一个满月的黄昏时分拍照，太阳和月亮交相辉映，让人感觉恍如在另一个星球。

原研哉认为选择这样一个奇异的地方，是让人们能体验到最普遍却又最容易让人疏离的自然现象。

在这张海报上，我们看到的是一个以地平线为形式的巨大的容器，地平线上空无一物，但又蕴含一切，人与宇宙的关系趋于极致的统一。如图1-42所示为无印良品2003年"地平线"宣传海报。

图1-42　无印良品2003"地平线"宣传海报

无印良品的产品虽然简朴，但是却散发着新鲜空气般的清爽气息。标签、吊牌也是按照这样的宗旨进行设计的。追求的是超脱于流行的自由感、对普通事物的打磨、还有像新鲜空气一样的舒适感。颜色使用的是不漂白纸的米色以及无印良品的标志性颜色胭脂色，文字使用的是最普遍的Helvetica西文字体以及与之相配的日文字体，整体设计非常简洁。如图1-43所示无印良品标签系统。

图1-43　无印良品标签系统2008年

1.3.7　深泽直人——无意识设计

　　谈到深泽直人我们最先想到的是无印良品，他是无印良品的设计顾问，同时又成立了独立的品牌±0，他被认为是日本非常受欢迎的产品设计师。他的设计非常具有个人的风格，能够形成独特的设计哲学，是更好地体现产品本身功能性的优雅设计。深泽直人的设计在最初的时候也和其他设计师一样追求产品的外形，但后来他开始关注产品的实用性与舒适度，让产品与自然和环境相结合，更加贴近我们的生活。

　　深泽直人的极简风格设计，都是经过深思熟虑后的产物，简单却并不平淡无趣。他设计的产品并不是非常高端的奢侈品，而是普通百姓能够接受的。他用最简单的方式来设计，表达一种回归事物本质的态度，使人、产品与环境的关系变得和谐。这些设计与当今社会中那些炫耀的设计相比更能受到百姓的赞美。

1.3.8　乔布斯——最重要的决定是剔除不去做的事情

乔布斯是极简主义的信徒。乔布斯家曾经屋里只有一张爱因斯坦的照片、一盏Tiffany桌灯、一把椅子和一张床。他几乎没有什么家具，但是仅有的几项都是谨慎的选择。如图1-44所示为乔布斯。

图1-44　乔布斯

他不主张拥有很多东西，一旦选择了就细心呵护，正如他对苹果的细心。这就是乔布斯，从用户体验入手，相信工业设计应该给人们把玩珠宝的感受，而不是那种摆弄技术产品的心情。

乔布斯有对未来的大判断，同时也追求每个步骤细节的精确。他做事有条不紊，细心谨慎，尽善尽美。

乔布斯方法论与其他人的不同之处在于，他总相信你做的最重要的决定并不是你要做的事情，反而是你决定不去做的事情。

（1）对设计美观的痴迷

乔布斯总是喜欢漂亮的产品，特别是硬件，工业设计是用户印象非常重要的部分，他看事物总是从用户体验的远景出发。

如今大部分的产品市场营销员会到外面做消费者调查，问路人"你们需要什么"。

乔布斯与他们不同，他并不相信这一套方法。他说："如果人们都不知道基于图形的电脑是什么，那我怎么可能去问他们想要什么样的基于图形的电脑？

没人见过这样的电脑。"

他认为向人们展示一台计算器无助于令其想象未来的电脑，因为这将是一个飞跃。

无论是外观设计还是用户体验，抑或是工业设计或系统设计，甚至细微到主板如何摆放，这些在乔布斯眼里都必须是美观的，尽管因为他不希望用户破坏内部的任何东西，麦金塔电脑（Macintosh）用户自己没办法拆开机箱看到内部。他要求的完美程度是，即使是普通顾客不可能看的东西，所有的一切都必须设计美观。

乔布斯对设计的痴迷众所周知。他曾在苹果停车场跑来跑去，专心致志地观察所有的奔驰车。他疯狂地观察印刷的字体、颜色和格式。

苹果会倾力做好每个包装的细节——"先打开我"的设计、包装盒的设计、折叠线、纸质和印刷……它的产品就像是从时尚品牌店或最高档珠宝公司买的商品。当时我们要寻找一家设计公司负责一项产品的设计，我们研究了意大利的设计师，他们真的会去研究汽车的设计，观摩汽车的精度、材料和颜色，等等。

（2）不是一味地简单，而是精简到完美

他是个极简主义者，不断减负到最简单的层面——不是一味地简单，而是精简。史蒂夫是个系统设计师，他将复杂的东西简单化。

如果你对这些事不上心，那你只能做到简单的结果。比如微软的Zune播放器。微软发布Zune播放器后，几乎没人过去瞧上一眼，它就这样消亡了。

乔布斯绝不会这样。他要确保一切完美才将产品推向市场。

1.3.9 瑞克·欧文斯——歌德式极简主义

瑞克·欧文斯（Rick Owens）曾经是代表洛杉矶Glamour Grunge（邋遢时尚）风格的明星设计师，也是"摇滚遇上时尚"的典型化身，在2003年跨越欧美大陆，到达巴黎。瑞克·欧文斯的颠覆性剪裁用色低调，完美融合精炼与自然、优雅与随意。用最少的颜色融合夸张剪裁是他的招牌美学。

瑞克·欧文斯曾表示，"衣服是我的签名，它们是我期待捉摸到的冷静高雅，它们是温柔的表现，和不寻常的自傲，它们是活力充沛的理想化现象，也是不可忽视的强韧。"

瑞克·欧文斯被称为"歌德式极简主义"，设计出神圣女祭师服。他的作品强调建筑架构的外套和著名的斜纹剪裁，低调地包裹着身形。利落的信息在完边处传达出来。

　　瑞克·欧文斯对他的作品评说："虽然'放纵'是我的起点，但是现在我更喜欢'控制'。"谨慎、简洁的款式与色彩并没有削弱品牌的另类气质，利落的剪裁、雕塑般的硬朗廓形、高耸的衣领，搭配触角般的头饰，身穿瑞克·欧文斯（Rick Owens）服装的模特们仿佛是一群神秘的精灵，焕发出超脱、前卫的气息（图1-45）。

图1-45　身穿瑞克·欧文斯（Rick Owens）服装的模特们

1.3.10　菲利普·斯塔克——个性的简约

　　极简主义最重要的代表设计师要属菲利普·斯塔克，他被称为法国的"设计鬼才"，他用极简主义的手法设计了大量的家具，这些家具在造型上非常单一，却非常注重几何形状的运用，在色彩上基本都是黑色，没有任何多余的装饰图案。他的设计非常具有个人特色，既不刻板，也不烦琐，反对"过度设计"，追求一种持久耐用的经典设计。

第 2 章

极简主义产品设计

Minimalist Design

工业设计是与现代生活息息相关的一个重要领域。自欧洲进入工业时代以来，极少主义逐渐成为工业设计的重要风格并不断被注入新的思想。极少主义的工业设计"简洁"的外形中往往蕴含着复杂的考量，其功能性也是极佳。

工业设计领域除了包豪斯之外，还有乌尔姆造型学院与博朗公司制定的强调简单化、细节化、功能化的"博朗原则"，及纳维亚半岛地区保持的简洁典雅、精致耐用的家具设计风格等，都不难看出极简主义风格逐渐成为国际工业设计标准的趋势。

而日本受本民族的物哀文化和禅宗思想观念影响，结合现代设计运动思潮，其产品工业设计风格也极具极简主义风格。除了无印良品、正负零品牌，日本的工业设计产品，如索尼公司、松下公司、东芝公司等的系列产品都极具极简主义风格。

2.1 极简主义设计理念的体现

2.1.1 实用性

极简主义的日常用品设计在使用时非常方便，功能一目了然，通用性极强。通常情况下，不必要的设计元素的减少，设计的本来面目得到还原，产品的通用性和易用性就显得更直观，这种直达设计本质的设计理念就是极简主义所提倡的。很多极简主义日常用品的设计体现了产品的功能，突出了产品的通用性和易用性，产品经久不衰，并且深得用户的喜爱。

2.1.2 极简的人机交流

极简主义的日常用品设计通常在人机交流环境方面非常简洁，用户可以无障碍地进行使用。人机交互环境是人与产品交流的重要渠道，它的通畅与否，往往决定了产品的易用性，也直接关系到用户对产品的满意程度。认知心理学家詹姆斯·吉布斯（James Gibson）提出的功能可见性概念指出，用户首先感受到的是产品所具有的功能性，然后才去感知设计的存在。设计在其中似乎是若有若无的，用户与产品是一种自然而直接的交流，并且带给用户非常舒适的感受。

2.1.3 简单与精致的有机统一

极简主义通过长年累月的洗涤，表现出一种平常至极的朴实。然而，正是在这种朴实中，体现了设计的精巧。极简主义并不是单纯的简化，它是将设计以悄无声息的方式融入产品，并最终实现产品的精致。设计平常至极的日用产品首先要持续优化产品存在的问题，做设计的"减法"，削减其中影响易用、通用的成分。日常用品以工业化大生产的方式走入千家万户，却并没有表现出粗糙的质感，这得益于设计师的用心。看似简单的日常用品，由于体现了通用性和易用性，并表现出一种工业美感，因此它实现了简单与精致的统一。简单的只是日常用品的外在，其内涵却是精致的。

2.1.4　情感寄托

极简主义的日常用品由于具备极强的通用性及耐用性，其设计会使用户产生情感依赖。在长期的使用过程中，用户关注的通用性及耐用性得到满足，并转换为某种程度的审美感受，长此以往，会产生情感依赖。情感体验是用感性带动心理的体验活动，是体验中的重要纽带，在产品设计创意的决策考量中有重要意义。这种情感依赖，大大超出了用户对造型、色彩等的审美体验。事实上，真实、稳定的情感需要时间去挖掘，它们来自人与产品持续的互动。由于极简主义的日常用品设计通常表现为用户所熟悉的审美符号，并将其演绎为经典设计，用户会产生极强的依赖性，从而不太追求甚至拒绝所谓的时髦。

2.2　极简设计在日本

2.2.1　日本极简设计的发展特点

西方社会"设计"这一现代概念萌芽于与明治维新几乎同时期的工艺美术运动。明治维新是日本的一个转折点，对西方工业文明的学习使日本经济飞速发展，一跃成为亚洲强国，而在此过程中日本逐渐演变出了与此文明相呼应的设计概念，日本人称其为"图案"，而设计真正在日本的发展，是第二次世界大战之后的事情。

第二次世界大战对日本的影响是巨大的，算是自明治维新之后日本社会的第二次"断裂"，和第一次的自觉变革相比，这次断裂是介入性的，商业资本的涌入让日本在顷刻间成为世界工厂。廉价劳动力、港口贸易的便利等因素使劳动密集型的制造产业在日本迅速发展。

第二次世界大战后直至20世纪70年代的日本设计，有个典型的特征，就是存在两类互不相干的设计运营模式：独立、规模相对较小的设计事务所；在企业内部的，专为该企业提供设计服务的设计部门，一般比前者专业度高，且规模大。当时的SONY与Panasonic各自都有这样的设计部门，包括设计师与一些工程人员，他们通力合作解决一系列专业问题，包括产品的开发、模型的制作、消费者的数据分析和量产化的可行性报告等。可以说，这些企业是设计引导型的，它们在各自发展到一定阶段时，抓住时机，在生产前期自觉引导高精专的设计介入，大大提高了产品的质量与特色，逐渐累积了强大的品牌资本，摆脱了永远是原始设备制造商（OEM）的困境。这种模式和20世纪五十年代德国的迪特·拉姆斯与老牌家电生产企业布劳恩的合作模式有些类似。只是，现代主义乃至后来拉姆斯的"极简"对于德国来说，是一种顺理成章的选择，而SONY和Panasonic一贯的国际主义风格就显得没那么有说服力，设计在当时对它们来说确实起到了拐杖的作用，助它们走出了经济困境，而某些困境，这些企业一直没走出来。诚如SONY是大众印象中外观设计、人机关系、产品质量都处理得很好的品牌，而和任何跨国企业一样，为了追求利益最大化，不惜牺牲、消耗、浪费其他任何资源。设计带它走出了经济的困境，但仍要直面更复杂的多元文化、资源、环境发展的困境，这在当时就是日本设计所面临的严峻问题。而彼时的困境，未能挣脱，即是如今破产危机的伏笔。

20世纪八九十年代的泡沫经济促使日本不得不重新思考设计该如何为经济的振兴而做出改变，设计的觉醒，也是设计师在民族经济与文化上的自觉。无印良品即成立于这个时期，作为田中一光与西友百货的实验与革新，微观上，它开启了深植民族文化特性的产品生产、设计与成熟商业运作结合的产业模式；而宏观上，它为日本设计走出当时的困境，并迈入下一个新时期，提供了足够丰沃的土壤。以此为契机，日本的设计似乎也进入了在今日看来影响全球的"极简主义"时代。

日本极简主义设计的推行及商业、文化的渗透，伴随着无印良品在全球的扩张愈发为大众所接受。此种"极简主义"的表征，其背后的文化语境、情感动机，甚至它到底扩展了现代设计中哪些未曾目及的领域？它如何在与现代设计的传承与革新中融入多元共存的人类文明？这些问题无不令人深思，而一个"无"字，其实最能概括其设计哲学。"无"在设计方法论上，是减法，是去伪存真，既是"少则多"的一种东方式回应，又带有"有无相生"的道家哲思。原研哉有一句话很好地概括了日本当代设计的精神根源：当人类学会用双手捧水而饮时，设计就诞生了。所以，设计，无论是平面、产品、建筑、服装还是信息，最重要的，是提供给人类一个"容器"。这里的"容器"，是一个意象，它更接近老子那句："有之以为利，无之以为用。""容器"也是设计目前最迫切要解决的问题，那就是以友好而开放的态度去启发人类的能力，让物以一种迎接而非限制的方式提供给人类交流、发展的平台。相较一种告知、教化与约束，"容器"更是一种人类情感与知识的投射、引导与集合，它以"无"包容了更多元的"有"，从而引起最大限度的共鸣。日本极简主义设计的精神，恰恰就在于这个"无"字。而这一"无"字，在色彩上表现为白，在造型上形诸空，在创作上借助于匿名与自然，在神韵上表现为侘寂。

（1）极简之色：白

东方民族都有一套自己的传统色彩系统，日本也不例外，称为"和色"。这种色彩系统的命名标准并不在于精确，而是想象力本身。如果一定要用一种颜色来概括对日本设计的第一印象，那毫无疑问是"白"。同"和色"里纷呈的色彩与命名相比，"白"却是最能激发想象力的颜色，它可以通过混合光谱中所有颜色获得，也可以通过去掉墨色中所有色值获得。白同时是"全色"和"无色"。它的质地能强有力地唤起任何物体的物质性，也让人能够越过诸色纷呈的干扰直接关注设计本身。

作为信仰万灵论的日本，色彩之白也与万物生死紧密相连，它存在于生命周围。白骨将人们与死亡相连，而奶与蛋的白，又述说着生命。白是不寻常的颜色，因为它也可被视为没有颜色。日本人自古将一起事件发生之前存在的潜在可能性称作"机前"。由于白包含着转化为其他颜色的潜在可能性，它也可被视为"机前"。极简之白，大概包含着此种"可能性"。

（2）极简之形：间

山本耀司曾经说过一句令人印象深刻的话，他说他做衣服，更多的是在设计衣服与身体间的间隙，让穿上他衣服的人，走路时总感觉有风拂过。虽然他不算日本极简主义设计的代表，但作为翘楚国际的服装设计师，这句话也很好地概括了日本设计在造型上的精髓所在：设计"空"。这个空也许不单指建筑设计中狭义的大尺度空间，而更多的是某种暧昧的间隙，或者物与物间的距离关系，甚至某种时间与思维上的停顿。这个间隙，让人们在这个充斥各式纷杂人造物的世界里突然有片刻的喘息和小憩，从而舒心不已。

对"间"的设计，也与日本这一狭长岛国的国民性相关，似乎人们更关注在有限的空间里思索并发挥设计语言。同时，它又是种"小数"与"无限"的设计。在别人关注1与10的区别时，日本的设计更关注的是1.1和0.1之后无数位小数的文章，这使得极简在外形的减法之外具有细节的丰富性与文脉的逻辑。当代日本极简主义设计的这一特征并不等同于微型化设计，像隈研吾就很爱以材质与间隙间的关系来修辞建筑的表皮：竹子与狭长的空隙所渗透的光带，磨砂玻璃与光导纤维所形成的粒子化立面。安藤忠雄的"光之教堂"也是此种极简主义精神性的代表。

（3）极简之魂：无名

日本工艺文化理论的奠基者与民艺馆的创始人柳宗悦先生，将日本手工艺的精髓归纳为对日用民艺的关注与尊重；而他的儿子，日本现代工业设计的开先河者柳宗理先生，则在实践中将这一民艺理论同现代设计精神结合成影响当今日本设计的重要因素之一，即"无名性"。所谓的无名性，其实是柳先生根植于日本文化所概括的好设计该具备的条件之一：那些在日常生活中被经年累月，甚至代代相传使用的物品，它们经历了岁月的洗礼与几代人使用的检验，仍然历久弥新，经久耐用。人们早已忘记了当初是谁创造了它，或者它是多少代人生活智慧的结晶，它完全不突兀地存在于日常中，没有丝毫赘余与夸张，平凡但充满尊严。这样的物品，其实在各个国家与民族的日常生活中都比比皆是，而日本设计则将此无名性作为好设计的准绳与标杆之一。极简并不是设计师的签名，它更是为了让设计隐没于生活的背景之中，而让人们更多地关注生活本身。

与无印良品长期合作的深泽直人先生也深谙这一日本设计的精髓，在发展自己的设计师品牌的同时，他更与无印良品发起了一项彻底"无名"的设计商业项目"Found MUJI"：世界上经过人们生活检验的好设计实在太多了，它存在各个国家和生活的各个方面，它们也许就像无印良品的产品一样，没有标签化的设计师风格，但它们是真正简单好用的，那就到世界各地去搜罗并量产它们，让更多的人分享这些生活的智慧。从某种角度讲，这种"无名"诚如设计界的"环保主义"，其实我们并不需要那么多的设计师与设计品，需要做减法的不只是设计物本身，更是我们对设计及淹没其中的生活观念。当"极简主义"也变为设计的教条时，"无名"反而成了将"极简主义"也"极简"了的一种净化。

（4）极简之韵：侘寂

关于侘寂，众说纷纭，宛如禅门公案。日本对侘寂的执念，有一个很好的比方：枯山水庭院，原本自然地铺着落叶，日本人会将全部落叶清理干净，然后再从树上摇下来几片叶子，摆出理想的造型，但犹如自然秋意寂寥的样子，这就是侘寂。一种矫揉的安静主义也好，一种因对自然的执念以至于宁愿以不自然的方式呈现精神性的形式主义也好，它确确实实是日本从安土桃山时期的千利休至当代一直沿承的造型及造境的神韵与准则。日本设计的极简主义，从内核上也沿承了侘寂之精神，从设计思维到方法，无不究极形式、功能之美与和谐，让设计看似自然地像从地里长出来一般。侘寂的实现有时亦是一种笨拙的修行，而这种修行在日本设计师看来亦是理所应当。原研哉为了无印良品天际线的侘寂之美，在3D造景技术如此发达的现在仍然跑遍全球，从南美玻利维亚的盐湖到蒙古的草原实景拍摄。柳宗理曾拒绝德国一家家具厂商给他一年时间设计一把椅子，因为他觉得时间不够。在别人看来一张设计草图就能解决的椅子方案，对他来讲是需要千百遍反复制作实体模型推敲材质和造型的，没有几年时间，根本无法实现。对于日本设计，没有"极繁"的苦工与执念，就无以至极简之境。

2.2.2　日本设计工作室Nendo设计案例

"Nendo"是由日本设计师佐藤大于2002年设立的日本设计工作室，设计领域广泛，在东京及意大利米兰皆设有据点。成立至今除获颁无数设计奖项外，亦被选为《新闻周刊》（newsweek）杂志"世界最受尊敬之100位日本人"、"全球最受瞩目企业100家"等，活跃于世界舞台。

佐藤大和Nendo公司的作品让我们看到了日本当代设计追求简洁和功能性的设计美学。

（1）（paper-torch）卷纸手电筒

这款名为"paper-torch"的有趣新作，它看起来像一张纸，但是卷一卷就可以变成一个轻便的手电筒、台灯，甚至吊灯。

为了实现这个设计，Nendo与纸品分发商TAKEO合作开发材料，可以通过使用银粒子墨水将电子电路板印刷在（YUPO）合成纸，或者其他材料上。

paper-torch在纸张的两面都有电路，打印出类似于棋盘一般的图案。两个纽扣电池和七个LED用导电黏合剂黏合在纸张上，可以通过改变每个LED的路径长度来改变电阻。

也就是说，用户可以通过纸张卷筒的松紧度直接控制照明亮度，纸张卷得越松的时候，灯光越暗；当纸张卷得越紧的时候，灯光越亮。

YUPO纸就是TAKEO的产品，它的表面光滑、耐磨、防水，能够很轻松地卷成筒状，但是松开后又能很快恢复平面状态，而不会卷曲（图2-1）。

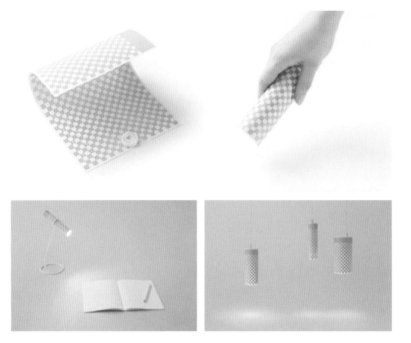

图2-1　paper-torch

（2）meji伞架

典型的伞架在外观上或者是一个大大的容器、或者有许多条条框框和孔洞，这在没有雨伞放置时，未免与周围的空间格格不入。从瓷砖地板中的接缝获得灵感，设计师创建了meji伞架。

一个个立方体，十字凹槽代替了传统的孔洞，当雨伞被安置到凹槽中时，这个立方体就自然成为了伞架。但当没有雨伞进入时，它就是一个有着整洁外观的立方体，能够更完美地与周围环境相融合。使用致密树脂制成，表面再覆盖着硅胶，因此提供了极好的柔韧性和耐久性，共有五种颜色（图2-2）。

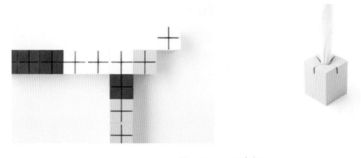

图2-2　meji伞架

（3）Nendo为意大利玻璃家具品牌GIAS ITALIA打造的全新家具系列

在玻璃表面以拉丝刷漆方式进行色彩处理，之后再覆盖新的一层色漆，使得色彩之间融合出类似木纹和石头纹路的自然效果，为玻璃家具带来丰富的视觉体验和手工质感（图2-3）。

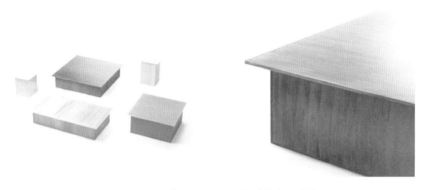

图2-3　Nendo为GIAS ITALIA设计的家具系列

（4）Flow

一组极简风格的家具，不同的是Nendo将传统的茶几、搁物架等家具与容器嫁接到一起，让这组家具在完成自身功能的同时还能兼收收纳和容纳的作用。

更巧妙的是容器与家具的结合并非直接固定，而是从桌面直接过渡而成，天然一体，就像生长出来一样，非常惊艳（图2-4）。

图2-4　Flow

（5）方块便签

三个不同大小的矩形便签，被简单、巧妙地联合在一块，共同组成一个完整的立方体，然而这些即时贴各自之间又互相独立，可根据需要被单独、轻松地从立方体中剥离出来，用作备忘录、便签等用途（图2-5）。

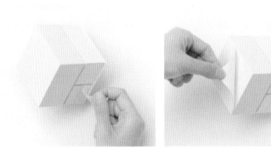

图2-5　方块便签

2.3　极简设计在德国

2.3.1　德国极简设计的发展特点

　　谈到德国的设计，首先想到的就是包豪斯。包豪斯是1919年在德国成立的一所设计学院，也是世界上第一所完全为发展设计教育而建立的学院。包豪斯的存在时间虽然短暂，但对现代设计产生的影响却非常深远。从具体的影响来说，它奠定了现代设计教育的结构基础，目前世界上各个设计教育单位，乃至艺术教育院校通行的基础课，就是包豪斯首创的。包豪斯主张"少即多"，讲究以人为本，讲究材料与设计的巧妙结合，设计中多采用简单的几何图形进行排列组合，它反对复古的设计风格。

　　1953年在德国的乌尔姆市成立了一所设计学院——乌尔姆设计学院，通过学院的理性主义设计教育，培养了新一代的工业设计师、平面设计师、建筑设计师，学院完善了包豪斯设计学校开创的现代设计教育的模式，并进一步提出了理性设计的原则，开创了系统设计方法。德国艾科灯具公司的总经理容根•马克曾说："今天所有的设计师，包括一些不知道乌尔姆在什么地方的人，都在这个和那个方面受到了乌尔姆传统的影响。"这足以证明乌尔姆设计学院的设计探索对于世界设计的影响。

　　而德国最重要的家用电器企业博朗（Braun）公司在产品设计中则完美地贯彻了乌尔姆设计学院的设计精神，强调人体工学原则，以高度的理性化、次序化原则作为自己的设计准则。博朗公司的迪特•拉姆斯（Dieter Rams）是这种设计精神的代表人物。经过几十年的发展完善，这一特点鲜明、注重功能的设计风格被他概括总结为产品设计的十原则：

① 出色的设计是需要创新的。它既不重复大家熟悉的形式，但也不会为了新奇而刻意出新。

② 出色的设计创造有价值的产品。因此，设计的第一要务是让产品尽可能的实用。不论是产品的主要功能还是辅助功能，都有一个特定及明确的用途。

③ 出色的设计是具有美学价值的。产品的美感以及它营造的魅力体验是产品实用性不可分割的一部分。我们每天使用的产品都会影响着我们的个人环境，也关乎我们的幸福。

④ 出色的设计让产品简单明了，让产品的功能一目了然。如果能让产品不言自明、一望而知，那就是优秀的设计作品。

⑤ 出色的设计不是触目、突兀和炫耀的。产品不是装饰物，也不是艺术品。产品的设计应该是自然的、内敛的，为使用者提供自我表达的空间。

⑥ 出色的设计是历久弥新的。设计不需要稍纵即逝的时髦。在人们习惯于喜新厌旧、习惯于抛弃的今天，优秀的设计要能在众多产品中脱颖而出，让人珍视。

⑦ 出色的设计贯穿每个细节。决不心存侥幸、留下任何漏洞。设计过程中的精益求精体现了对使用者的尊重。

⑧ 出色的设计应该兼顾环保，致力于维持稳定的环境，合理利用原材料。当然，设计不应仅仅局限于防止对环境的污染和破坏，也应注意不让人们的视觉产生任何不协调的感觉。

⑨ 出色的设计越简单越好。

⑩ 设计应当只专注于产品的关键部分，而不应使产品看起来纷乱无章。简单而纯粹的设计才是最优秀的。

如图2-6 ～图2-9所示为博朗公司设计的产品。

德国设计长期以来强调设计中的功能主义原则，并反复提倡"优良造型的原则"（即著名设计家穆泰修斯的理论精髓及设计准则），正是这种思想造成了几代德国设计师对于责任感的高度重视。设计中的理性原则、人体工学原则、功能原则对于他们而言是设计上天经地义的宗旨，绝对不会因为商业的压力而

图2-6　博朗公司——蛋壳音响

图2-7　博朗公司——超薄灯泡

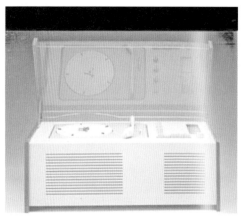

图2-8　博朗公司——收音机唱机组合

图2-9　博朗公司——打火机

放弃。德国产品设计的总体特征体现为：理性化、高质量、可靠、功能化、冷漠的机器外表与色彩（很少采用色彩比较鲜艳的设计，以黑色、灰色为主要色彩）。

德国的功能主义、理性主义设计风格也影响到了平面设计领域，乌尔姆设计学院的奠基人之一，德国设计家奥托·艾什对于德国这种理性风格的平面设计的形成起了很大的推动作用。他在设计理论中主张应该在网格布局的基础上进行设计，以达到高度的理性化和功能性。他希望平面设计可以使阅读者在最短的时间内阅读平面设计的文字或图形，以获得最高的准确性和最低的误差率。1972年，艾什为慕尼黑奥运会创作了全部的标志，他以自己的原则设计出非常理性化的整套标志，获得了很好的功能性。如图2-10～图2-14所示为艾什为慕尼黑奥运会所创作的设计。

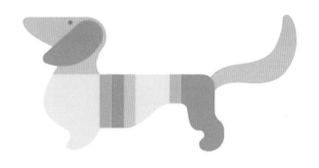

图2-10　慕尼黑奥运会标志　　　　　　　　图2-11　慕尼黑奥运吉祥物Waldi

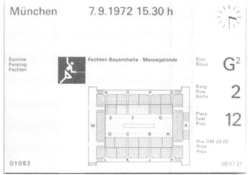

图2-12　宣传册　　　　　　　　　　　　图2-13　场馆布局图

图2-14　各项目图标

图2-15 国际帆船比赛海报

他的设计理论和设计风格影响了德国和世界各地的平面设计，成为新理性主义平面设计风格基础。在这种思想影响下，德国的平面设计具有明快、简单、准确、高度理性化的特点，但也有沉闷、缺乏个性的倾向，与其工业设计一样，虽然杰出，但却毫无幽默感、毫无文化个性。

德国极简主义设计作品通常采用简洁的图形，严谨的设计语言，表达深刻的内涵。德国的极简主义设计师在设计中擅长用简单的几何图形作为视觉元素，回归自然朴实的几何构成形式，简单而又主题突出。皮尔·门德尔是德国著名的平面设计师，他为国际帆船比赛设计的海报就是典型的极简主义风格作品。这幅海报从色彩上来说，只用了白色和蓝色两种颜色；从内容上来说更是一目了然，白色的手撕纸片象征着帆船，蓝色的背景象征着大海，作者使用了非常简洁的设计语言就把海报的主题明确地表达出来（图2-15）。

此外，西门子公司的标志也是皮尔·门德尔的代表作品，此标志简单大方，色彩看起来绿色环保，非常有国际气息（图2-16）。

SIEMENS

图2-16 西门子公司标志

2.3.2 康斯坦丁·格里克设计案例

康斯坦丁·格里克不同于我们印象中的大牌设计师，他内向腼腆，不善交际，但却喜欢不断地提问、思考。他说他渴望"孤独的工作"（图2-17）。

康斯坦丁·格里克作品一贯极简、单纯、严谨，同时充满了敏锐的情感。透过他的作品，人们不仅可以领略到其对于设计、建筑、历史等诸多领域的广泛研究，更能感受到他对工艺、材质的执着追求。在川久保玲的东京旗舰店里，所有的椅子均出自康斯坦丁·格里克的创意设计；而早在2009年无印良品也破天荒邀请本土以外的设计师康斯坦丁·格里克为其设计Pipe系列桌子（图2-18）。

图2-17　设计师康斯坦丁·格里克
（Konstantin Grcic）

图2-18　Pipe系列桌子

康斯坦丁·格里克的极简设计作品如下所述。

（1）Absolut Grcic系列酒杯：纯净的经典

2007年，康斯坦丁·格里克为Absolut Vodka（绝对伏特加）设计了Absolut Grcic系列，在全世界的酒吧里独树一帜，并开创性地改变了全世界酒吧及餐厅的酒柜风貌。康斯坦丁·格里克说："我并不想要和Absolut Vodka的酒瓶媲美，只是希望这款玻璃杯反映出同样经典的感觉，既单纯又独特。当你将这只酒杯握在手中，在酒吧里看到它，或是品尝杯中美酒，都会感觉到它所散发的自然优雅。这是一款细致的酒杯，让人感到凝聚精华于一身。Absolut这个词很棒，商标也是。但是我想用低调的方式处理，最好是隐而不显。我认为它应该是纯净又率真的作品。"如图2-19所示为Absolut Grcic系列酒杯。

（2）Chair-One：编织的金属涂鸦

这是一把完全由金属线条"编织"而成的椅子，整个形态完全由"结构"组成，打破人们对常规椅子形态的想象。这把椅子的惊人形象难免使人对它的舒适度产生疑问，但当你真正坐于其上，你会发现它实际上非常舒适，那些稀疏的网状结构能够极好地支撑不同体型的人体，后背上的把手也非常实用。如果了解到Chair-One最初是被当作户外用椅而设计的，我们会更加佩服康斯坦丁·格里克的缜密用心：极少的表面可以杜绝雨水，并且减少灰尘堆积，夸张的形态则令它能够在街道、建筑或自然的环境中拥有自己美学上的存在，而不是被环境所吞没。康斯坦丁·格里克花了三年时间设计这款椅子，自2003年诞生以来，堪称格里克精简主义风格的代表作，康斯坦丁·格里克因此在2006年获得了德国政府的设计大奖（图2-20）。

图2-19　Absolut Grcic系列酒杯　　　　　图2-20　Chair-One

（3）MYTO座椅：科技简约的典藏

　　MYTO是康斯坦丁·格里克将高科技材质与简约的设计理念完美融合，由新材质为起点，由单块塑料射出成形的创新设计——悬臂椅。由于所使用的材料兼具独特的高流动性与强韧度，使得椅身厚薄度之间的转换优雅而流畅，同时又能达到悬臂椅结构所需要的结实和弹性。在结构上则是先以支撑着力点的骨架为基础，再将骨架毫无缝隙地融入如网般的穿孔坐垫和靠背。为了更贴近设计上的要求，巴斯夫化学团队经过15次不同配方的测试，将塑料成分调整到最适合的韧度与强度，以成就MYTO整体造型设计美感。2008年，MYTO入选纽约当代美术馆做永久收藏（图2-21）。

图2-21 MYTO座椅

2.4 极简设计在北欧

2.4.1 北欧极简设计的发展特点

北欧也被称为斯堪的纳维亚，主要包括芬兰、丹麦、瑞典、挪威和冰岛五个国家。

北欧的现代设计开始于20世纪20年代，恰好是北欧进行社会均富改革的时期。1964年，"设计在斯堪的纳维亚"展览在北美大陆首次举行，并且在美国引起了不小的轰动，也使得西方人第一次全面了解了北欧的高质量设计。到了20世纪60年代，北欧设计表现出一种激进的思想——蔑视陈规旧俗、喜欢大胆醒目的色彩、关注周边发生的事和所处的现实环境。

在20世纪中叶，北欧各国的经济迅速发展，步入了全世界的富裕国家之列，其高福利的社会体制使得人民丰衣足食。北欧的设计发展的一个共同的倾向是：从皇室、贵族独裁下的设计向民主化设计的转化。社会富裕但是财富分配比较均匀，民主思想深入人心，天寒地冻的地理位置，使这种民主思想在家居设计中达到登峰造极的高度。政治上的社会民主制度、民主的精神带来了设计上的功能主义原则，首先是满足功能，价格低廉，为大众所服务，认为从德国、美国等国家发展起来的现代主义设计，缺乏"人情味"，由此探索出一套自己的现代主义设计语汇来。他们将自然材料、丰富的色彩与良好的功能结合，同时也兼顾了工业化大批量生产的技术手段，自成一体。

现代北欧主义最简单的艺术形式就是极简主义，它将结构和材料的使用降到最低。这种简单，不仅仅表现在传统的手工艺中（家具、陶瓷和玻璃），还体现在单件作品或小批量作品的生产中。

2.4.2　塔皮奥·维卡拉设计案例

在众位芬兰设计大师当中阿尔瓦·阿尔托（Alvar Aalto）赢得了他的"芬兰现代设计之父"的称号。塔皮奥·维卡拉（Tapio Wirkkala，芬兰1915—1985）则是在阿尔托的设计理念基础上升华了他的设计精髓。他的设计提倡自然形态的流露和坚固美观的形式，并倡导设计即是"民主"。他的设计以多变的风格著名，毕生提倡"简约中求变，变化中极简"的原则，深深影响了北欧设计者。

维卡拉是一位特别多才多艺的艺术家，不会在任何设计项目中受到规模、材料或是惯例的束缚。维卡拉的设计主题常常来源于自然，比如树叶、贝壳的漩涡、鸟或鱼的形状，或是对于自然的远距离观察，比如冰的形成或是水的流动。他最原始的情绪通常被很深地埋藏在他所创造的物体当中，从而其灵感来源已经无法被追溯或是分析。他也从海外的旅行和早期文艺复兴艺术中获取灵感。

他最为知名的是玻璃艺术家这一角色，但其实他的艺术设计覆盖了从邮票到巨大的景观纪念碑，从玻璃酒杯到未来的城市景观。在维卡拉的艺术作品中，灵感的源泉演变成了自然现象之类的具有震撼力的形状。当思想和物质，构思和实践，形状和功能融合在一起的时候，物体就具有了完美性。对于维卡拉来说，形状并不仅仅是一个审美的目标或是智力的认知，而是在思绪、双手、眼睛和材料之间敏感的对话中诞生的。

（1）"坎塔瑞丽"（Kantarelli）花瓶

它是塔皮奥·维卡拉的成名作。在此作品中，维卡拉的艺术与设计的完美结合体现在采用玻璃雕刻技法在花瓶上实现了一道道形似蘑菇的褶皱肌理的装饰线条，使得花瓶的优美外形和天然般的纹理在光影下显得极具感染力。材质纯粹，手法凝练，抽象而优美的造型，使得它成为玻璃制品的一个经典（图2-22）。

（2）树叶形木托盘

树叶形木托盘，采用桦木胶合板制作，展现了在木质材料的制作上达到了一个新的高度，也成为有机功能主义的典型代表（图2-23）。

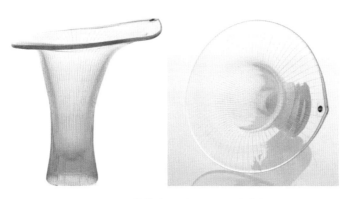

图2-22 "坎塔瑞丽"（Kantarelli）花瓶

图2-23 树叶形木托盘

（3）Bolle瓶

Bolle瓶是维卡拉于1968年为Venini所设计的，这五个Bolle瓶，每一个瓶子都由两个不同的部分组成，采用了"Incalmo"技术将其融合，得到一个完整的具有不同造型和结构的彩色瓶子，极度简约、柔美的曲线造型，鲜亮纯净的色彩赋予其优雅、高贵的气质（图2-24）。

塔皮奥·维卡拉的其他一些经典作品如图2-25～图2-27所示。

图2-24 Bolle瓶

图2-25　Pollo花瓶　　　　　　　　　　图2-26　吊坠"Pendant"吊灯

2017年"千湖之国"芬兰迎来了独立100周年，塔皮奥·维卡拉公司的新产品深蓝瓶采用了最能代表芬兰的蓝色，以庆祝这个特殊的节日（图2-28）。

图2-27　卵圆瓶　　　　　　　　　　　图2-28　深蓝瓶

2.5　极简主义智能穿戴产品设计

创意无限的智能穿戴，将带领你我走向伟大的智能时代。2013年，从谷歌眼镜到智能眼镜Eyephone，从智能手环Fitbit到智能腕表inWatch；从美国到加拿大，从以色列到中国；从互联网购物到无线终端，从微博到微信……第三次工业革命的浪潮席卷商业领域，新商业模式的进化速度超过了以往的任何一次工业革命，一股酷炫的智能穿戴之风正刮向传统商业领域，渗透到每个人的生活之中。智能手表Apple Watch的发布在数码界掀起一场风暴，随着可穿戴设备和智能手表的热度持续上升，人们的思维也会随着受到影响，可穿戴设备网站和APP界面设计也越来越受重视（图2-29）。

图2-29　Apple Watch

与其他设计类型相比，可穿戴设备设计师面临的挑战稍微与众不同，功能性是主要考虑方面，另外由于界面尺寸的限制，设计师们可能会面临最小的交互屏幕。这种类型设计的关键是创造一种视觉舒适、用户体验好，又兼具极佳功能性的设计。

极简主义是设计界未来的一大趋势，这一风格恰巧适合可移动设备。智能穿戴产品的设计，从配色到字体再到图像，都应该遵循简洁直接的原则，这样的设计才能实现既使在很小的界面上用户也能看清楚内容。设计师们还可以利用扁平设计的理念，再配合极简元素完成极简化产品设计。

案例1　法国NOWA智能手表

随着智能穿戴设备愈渐成熟，越来越多的厂商尝试对传统的手表进行升级，加入更多智能化的功能。

法国品牌NOWA针对热爱生活和时尚的年轻人推出了一款由法国设计师埃里克·吉萨德（Eric Gizard）设计的智能手表，风格极简又不失品质，可以定义为传统手表与现代科技结合的产物（图2-30）。

NOWA智能手表采用了316L钢质表壳，可以防止过敏的同时也具备抗腐蚀、耐高温、坚固耐磨等特点。表盘直径为40mm，厚度为10.5mm，是市面上最薄的智能手表，同时底盘进行了弧面过渡设计，在视觉上看起来更加轻薄。NOWA智能手表还支持30m防水。如图2-31所示为NOWA智能手表细节设计。

图2-30　NOWA智能手表

图2-31　NOWA智能手表细节设计

NOWA智能手表的APP界面也同样追求简约的设计风格，在功能方面，NOWA智能手表支持来电提醒、来电拒接、遥控拍照、运动计步、睡眠监测、时间校对等功能（图2-32）。

图2-32　功能界面

APP主界面上包括运动数据和睡眠数据，分别是卡路里消耗、运动时长、运动距离、深睡时长、浅睡时长和醒来次数，白天和夜晚的运动健康情况一目了然。除此之外，还可以在分析里查看每个月的数据，相当方便（图2-33）。

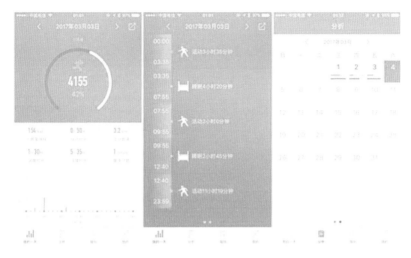

图 2-33　APP 主界面设计

案例 2　听风 HALO 手镯

　　这款产品源自王室的时尚设计，为守护女性人身安全而度身定制，结合前沿的可穿戴科技、融合时尚潮流，注入珠宝设计的美感，颠覆了女性与珠宝间的天然维系，让时尚成为一种守护力。

　　设计师彦森（Jacob Jensen）来自服务于童话之国丹麦王室的珠宝设计师团队，产品的设计灵感取自芙蕾雅（Freya）的希望光环，意在给予女性爱与美的守护，赞美她们的美丽与独立。因此，听风 HALO 手镯的设计，抛却繁复的纹样与珠宝装饰，只留下朱鹭般的纯白镯面搭配金色的平滑镯体。这种沿袭北欧 Original Form（原始）风格的极简设计，更带来一种属于未来的科技美感（图 2-34）。

图 2-34　听风 HALO 手镯

案例3 智能项链吊坠

现在的社会，我们已经深受信息爆炸、社交碎片化的影响，甚至还有点儿上瘾。这款吊坠 Purple 则能够为人们的社交生活提高质量和纯度。极简主义的美学不仅在外表的装饰性上得到完美体现，它在功能上也致力于让使用者的生活得到简化，专注于自己真正在意的人和事（图2-35）。

图2-35　智能项链吊坠 Purple

图2-36　吊坠可以为使用者提供想要的信息

它与使用者的脸书（Facebook）、推特（Twitter）、照片墙（Instagram）等社交账号联系在一起，能够通知新信息与图片。但绝不是照单全收，用户只要下载配套应用，就能决定这个线条干净的吊坠如何提供信息，提供谁的信息。"信息只对谁可见"在这里成了"我只在意谁的信息"（图2-36）。

收到一条信息时，只有从用户的角度能看到吊坠发出的微光。使用时，从看它一眼，打开吊坠盖，到把它托在手中，到点击图片，每一个动作都是一个指令。想要暂停时，你只需瞟一眼，然后微笑（图2-37）。

图2-37　只有从用户的角度能看到吊坠发出的微光

　　产品内置锂电池，只需将它放在充电盘上，它就能无线感应充电，表面的黑色或双色玻璃是充电的关键，然而却毫不影响项链吊坠的外观，反而更增添了产品的整体美感。

第 3 章

极简主义空间设计

Minimalist Design

3.1　家居空间设计

在西方，20世纪30年代开始，室内装饰业作为建筑设计的延续与深化，逐渐变成了一个正式、独立的专业类别。室内设计与建筑设计是一个完整的综合体，这个综合体所具备的艺术上的完整性是由建筑外观形态与室内空间，在使用功能、形态与空间风格特性及文化特征基础上所组成。当代室内设计中简洁大方、清新明快的设计风格体现对简约之美的追求。

极简主义教父约翰·帕森（John Pawson）曾说："极简主义可以被定义为当一件作品的所有细节和连接都被减少或压缩至精华时，它就会散发出完美的特性。"这就是去掉非本质元素的结果。极简主义在室内设计领域中也经历了20世纪六七十年代的光洁派和20世纪80年代以来的极简主义室内设计这两个重要时期。其中光洁派在"少即是多"的道路上走向了"无就是有"的极端，以至于其过于理性而缺少人情味的作品很快被淡忘。但其对光和空间的突出运用也成为后来极简主义室内风格的重要体现。

极简主义室内设计逐渐发展成熟后，追求物质功能和精神功能的统一，强调空间的纯净、规矩和空间的方向性，杜绝散乱的、不平衡的非完美构造。比如坂茂设计的"没有墙体的别墅"的建筑——雪松住宅，以透明玻璃围护的材料，在视线和光感上消除了空间内外的界线，室内也处理得十分简洁流畅，形成了内外相融的典型的开敞空间（图3-1）。

图3-1　雪松住宅

而另一位大师安藤忠雄设计的住吉的长屋则更体现了极简主义室内设计对物质和精神功能的统一。住吉的长屋封闭式的立面设计满足了长屋对私密性的要求，而长屋的墙板巧妙地使反射进入住宅内部的光线变化丰富，充满戏剧性，整个室内幽静、平和，产生了一种时间停滞的禅意美感（图3-2）。

图3-2　住吉的长屋

当代的室内设计中，所追求的是一种简约之美，设计风格主要以纯净、明快的设计艺术风格来体现。当设计作品中的表现内容（组成部分、装饰细节等）精减到最低限度时，物体即表露出一种功能的、纯粹的、本质的美。这种设计手法去除了一切非物质的元素。极简室内设计，作为现代建筑设计风格的延续，透露出一种极简的功能立场美学特征。

极简主义室内所体现的简约美，去除了传统建筑空间中的繁复装饰和各种符号，只关注自身形态的构成。注重抽象几何形体的对比与协调、光与色的应用而产生的简约之美。其核心是不过分装饰，最低限度的功能主义，同时强调构图上的精炼和完美，而将其他因素放在其次来表达，所追求的是一种体现在功能之上的精炼的平衡。极简主义所营造的视觉上的单纯、简约并不是给人单调感，鲁道夫·阿恩海姆（Rudolf Amheim）认为，"由艺术概念的统一所导致的简化绝不是与复杂性相对立的性质，只有当它掌握了世界的无限丰富，而不是逃向贫乏孤立时，才能显示非常精到的手法和巧妙的构思，达到一种视觉或心灵上的强烈冲击。它的表象就是构图上的完美，语汇上的精炼和超越时空的现代感。任何与达到这个目的无关的构件、事物、陈设、线脚等统统被省略，但光与色这两个非具象的元素却在简约主义的室内设计手法中受青睐，并在空间中充当主角。"

极简主义既不是简单的，也不是无内涵的，而是一种理性的、科学严谨的艺术。只有满足功能之上的最低限度的装饰才是真正体现简约之美的。

3.1.1 极简家居空间的设计原则

3.1.1.1 少就是多，注重室内的功能性

极简主义的核心就是少就是多。极简室内设计，其主要含义是让物品表面的装饰性越少越好，认为"无论室内装饰还是家具，都必须要精简到不能再改动的地步"，主张通过这种方式来将现代设计的那种批量化生产和机械化生产的特点更好地表现出来。这一观点在极简主义中仍然非常适用。我们在进行小居室的室内空间设计过程中，由于受到室内空间大小的限制，不可过多地注重它的装饰性，因此采用"少即是多"的理念是非常合理的。

极简主义的少并不是乏味，而是在视觉上面的简单，但其内部的功能却要求非常完整，麻雀虽小，五脏俱全，对于一个小户型居室中，家具的功能必须保持完整，为此很多家具甚至可以实现一物多用。比如在床的设计和使用方面，我们可以充分利用竖向空间的格局进行合理的设计，通过安置上面睡觉、下面办公的床铺来进行合理的室内空间的利用，从而更好地将原本只有一种功能的床铺变成多种不同多用途，给人们生活增添更多的趣味性。

3.1.1.2 虚实留白，提升室内的审美感

虚实留白是中国传统道家文化的重要精髓，它注重"空""虚""隐""挡"。其实对于人们来说，生活的空间大小并不重要，重要的是人们在室内空间居住过程中室内空间给人们带去的感受。当一个空间能够给人们带去敞亮的空间感受时，即使这个房间是狭小的也不会影响到人们的心情。为此在设计过程中，设计师对室内空间的设计需要注重虚实留白，尽管室内空间是狭小的，但千万不要让室内显得拥挤，必要的时候使用一些"遮挡""隐藏"的设计手法都是非常有效的。

屏风是中国传统设计的精髓，其设计理念就是遮丑，主张用一个空白的物体将后面的东西遮住，通过这种方式使室内空间显得更加舒适和明快。在进行室内空间的设计过程中，设计师可以适当地采用这种方式进行极简主义设计。巧妙地采用一些能够起到遮挡作用的屏风、书橱、门帘等物品将室内空间合理地进行划分，从而更好地提升室内空间的审美感受，让人们不会因为室内空间的狭小而感到拥挤。这就是极简主义的艺术魅力。

3.1.1.3 亲近自然，拉近室外的距离感

第一，极简主义注重人与自然的紧密结合，认为大自然是室内空间的一部

分，因此在进行室内极简主义设计过程中，我们必须注意对大自然因素的收集与整理。自然因素首先表现在对各种植物的使用。植物是最好的调节室内环境的工具，因此在室内必要的位置我们应摆设一些植物。同时植物纹样也是提升室内空间效果的一个很好的工具，我们可以将一些繁复的植物纹样给予简化，然后再将其应用到室内空间之中。

第二，自然因素表现在自然颜色的使用和设计。贴近大自然的颜色主要有绿色、蓝色、白色等高纯度、高明度的色调。因此在室内空间的设计过程中，我们可以适当地选择一些类似的颜色作为室内空间的主体颜色。同时需要注意的是室内空间的设计主题颜色不宜过火，一定要以温馨浪漫为主要出发点。但在必要的时候可以选择一些比较暖的色调进行点缀，比如在整体偏绿色的室内空间中点缀一些暖黄色能更好地烘托室内空间效果，比如在整体偏灰色的室内空间中选择一些偏暖红色的颜色能让室内显得更加富有生机，等等。通过这种方式进行室内空间的极简主义设计，才能更好地拉近与大自然的距离，让人们充分感受到大自然与自己之间的距离，从而更好地满足人们的生理需求。

3.1.2　极简室内空间设计案例

案例1　日本冲绳县极简主义住宅

设计师把一个狭长的基地分为生活空间和院子，住宅由4面墙围合起来（图3-3）。

图3-3　住宅由4面墙围合起来

内部分为3条，第1条是院子，它朝天空开放，它与第2条隔着一层玻璃（图3-4）。

第2条的体量包括了卧室、餐厅和客厅和工作区（图3-5～图3-7）。

图3-4　卧室阳台隔着一扇玻璃

图3-5　卧室、餐厅和客厅

图3-6　工作间

第3条在封闭的墙后面，建筑采用混凝土，网格3m²，包含厨房、杂物间和浴室（图3-8）。功能布局为：院子3m×18m，混凝土空间3.0m（3×1）高、9.0m（3×3）宽以及18.0m（3×6）长，里面的家具像墙壁一样。

图3-7　电视机投影

在空间结构上，墙一样的家具把室内的空间分为2个部分。外面的空间与院子相连接，作为客厅、餐厅和卧室；内部的空间则作为厨房、化妆室和学习室用，并采用同样的功能柜台。淋浴室、卫生间、小厅、储藏和服务空间位于家具墙的后面，所有的空间结合在一起创造一种生活方式，尽量减少空间划分。住宅的极简主义居住空间适应可变的多样化的生活方式。

考虑到冲绳县的气候和阳光因素，室外的院子上方

图3-8　浴室

有挑檐，以此控制阳光直射到室内。外墙采用光触媒涂料以便于维修。

案例2　梅红色别墅

该梅红色别墅设计以极简主义为中心元素，旨在为用户提供高端大气且简单灵活的居住空间。大跨度的房屋设计同时采用悬臂式设计，可以将一个空间简单分为两个，空间宽敞，灵活性高。二层呈盒状形态，滑板式窗户增加了室内外的连接性。

该设计可以算是对极简主义风格建筑的一次尝试，虽然有些超前，但用户对其中的美学理念也很认同（图3-9）。

图3-9　梅红色别墅

案例3　葡萄牙极简住宅

这座可称得上极简主义典范的房子，设计师是以打破常规著称的Manuel Aires Mateus。

设计前，建筑师有三方面的考虑：① 这处房产所在地称不上美丽，所以决定以内在补充外在，让普通的葡萄牙乡村景象与现代的低调住宅建筑相融合；② 希望建筑与位于西面的小城地标建筑——一座中世纪的城堡产生某种空间上的奇妙联系。③ 不希望这个有4个卧室、300多平方米的房子看上去体量太大。因此设计时要利用街道与庭院的高低差，将房屋的大部分藏于地下，按私密空间和社交空间的功能需求规划出地面层及地下层两部分，同时用中空结构及中央天井为地下区域带来光线和空气。

设计中最重要也最有趣的元素是中央天井上方的中空设计，由四面实墙围合出的露天中空设计替代了顶部天窗。中空部分设计取投射而下的光束造型，似雕塑般的切割线条，从朝南的屋顶斜向贯穿而下，位于一层的餐厅等起居空间就围绕它展开。

地下层中心天井如同空间的始发点，几间卧室围绕它分布。经过设计，每个空间都有自己的庭院，如果身处卧室感觉更私密。

中央天井作为建筑的视觉焦点，各空间都可以与其产生互动，其上部空间延伸而出，模糊了室内外的界限，为空间注入更多自然元素（图3-10）。

图3-10　中央天井上方的中空设计

　　房子地面部分看上去无窗，自上而下全部被涂成白色。毗邻建筑的四角，在草地上各切入一个地下小庭院，为处于地下的卧室区域带来采光，同时沿墙延伸出一片地面，如同房屋看不见的根系（图3-11、图3-12）。

图3-11　全部刷为白色的房子，　　　　　图3-12　在草地上切入的一个地下小庭院
　　　　地面部分看上去无窗

　　和一般房屋的前门不同，建筑师在一楼以一长方形开口将客人引入室内。客人穿过大门，通过室外楼梯到达主入口。一段狭窄的楼梯通向顶层的客房，木质的肌理给白墙、白顶的室内带来温暖（图3-13）。

图3-13　长方形开口

室内物品的陈设也十分简单（图3-14）。

图3-14　室内物品的简洁陈设

3.1.3　极简家居用品设计案例

案例1　水母花瓶

设计师Nendo在装满水的水族箱中放置了30个不同尺寸的水母花瓶，通过调控水流的力度和方向，使这些特殊材质的花瓶可以在水中随着水流游动。这些花瓶使用了两次染色的超薄半透明硅胶材质制作而成，如同漂浮在水中的一个渐变的颜色。

这个设计重新定义了花朵、水以及花瓶的概念。在这里，水的存在感消失，突出了漂浮的与花朵一体的花瓶，颠覆了以往简单的在一个有水的花瓶里插上花朵的行为模式（图3-15）。

图3-15　水母花瓶

案例2　磁悬浮圆环风扇

对于大多数人来说，在夜晚用风扇，遇到的最大的问题就是在夜深人静的

图3-16　现代简约的造型设计

环境下，轰隆隆的电机声音吵得人难以入眠。韩国设计师Byeongjun Kim带来的这款概念风扇作品，几乎完全没有噪声问题。

从造型上讲，这款风扇以圆环式作为基础的几何形状，创造了一个现代简约的外在造型，无论是放在沙发、卧床旁，还是摆放在办公室内，它都可以更好地与周围的环境相融合（图3-16）。

除了干净利落的整体造型，设计师第二个设想是用电磁导轨替代传统的电机。它类似于磁悬浮列车，利用电磁力使转子和定子之间保持不接触，这也就意味着它在动作时摩擦小、振动小，当然噪声就小。电磁轨道也意味着圆环里的风叶既可以顺时针转动，也可以逆时针转动，随时根据需要自由切换，从而推动空气向前后两个方向流通。这样用户不仅能享受最直接的自然风吹，也可以享受间接的轻风，减轻直风吹太久而导致的不适（图3-17）。

支撑杆的一部分将使用具有超强柔韧性的材料，从而可以调节风扇面的转向（图3-18）。

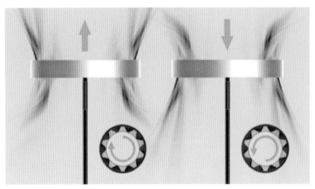

图3-17　工作原理

图3-18　风扇风向可调节

案例3　模块化工作台

从表面上看，这是一张相当简洁和传统的工作台，简洁到甚至连一个用作收纳杂物的抽屉都没有。作为一张工作台，设计师当然没有任性地忽略掉所有的工作需求，实际上设计师是"曲线救国"，通过模块和扩展附件的设计，非常巧妙地实现各类功能的添加（图3-19）。

图3-19　简洁的工作台

这个模块化的重点就在于桌子侧面有整整一圈细小的凹槽，根据不同的需求，各种各样的功能性小附件就能够巧妙地依附在桌子边缘，只有你需要的，才会出现在桌子周围，保持桌面的干净整洁（图3-20）。

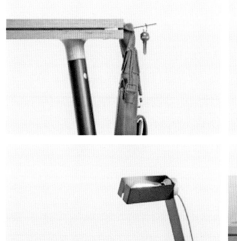

图3-20　凹槽的设计

结构的设计同样简单干净，整张桌子的主体部分没有用到一个钢钉、螺丝，或者其他的焊接元件（图3-21）。

图3-21　简单干净的结构设计

3.2 办公空间

极简主义发展至今，不断挑战过去对于空间机能的僵化思考，已经被大量运用到当代办公环境设计的概念中，重新定义了工作空间对我们生活的意义：极简的基调，希望以纯粹的建筑设计元素来诉说空间的单纯诗意。偏好干净利落的直线条，喜欢低彩度的颜色（如黑白灰），大量出现"留白空间"，以光与影强化极简主义纯粹美学的意象。

这种高度理性的设计，尽量减少和净化无谓的装饰，布局极有分寸，从不过量。材质上更趋于用朴实自然的清水模、刷石子、实木板等，体现了环保意识，也反映了美学品味的成熟与良性发展。而真正的极简对工艺的要求甚为苛刻，在表现严谨而简洁的形态下，蕴含复杂的技术构造，简单纯粹的美感由背后对施工品质精准严格的要求而来。

极简主义的办公空间除去了不必要的繁杂，去芜存菁地保存了内在的清新、朴素、简单，却仍然很好地保持了空间功能所必要的精髓，反映了现代人内心渴望简单地沉淀却仍能找到设计所完成的最终目的。用"最少的"体现逻辑、创意、美感，这种最低限度的办公环境设计风格——在提高办公效率的同时，秉承现代人"精于心，简于形"的工作态度，赋予工作环境精神价值和生命力。

极简主义的办公空间设计原则主要体现在以下四点：

（1）纯色

极简风格往往只采用一种颜色作为办公室设计的主色调，打造出色彩纯粹的办公空间。

（2）光影

如何让办公室设计摆脱单调？极简风格擅长利用光线、材质来营造光影，实现对空间的表达。

（3）有用即留

极简风格摆脱任何不需要的家具、装饰物、材质，把最有用的留下来，让办公室设计变得更简单。

（4）质感

少即是多，是对质感的追求，虽然办公室内看起来什么都没有，但非常有格调有质感，这需要对设计的强大把控。

案例1　西班牙萨莫拉水晶办公室设计

　　萨莫拉水晶办公室位于西班牙萨莫拉一个中世纪古城的核心地带，周围有一条河流经过。建筑面对着教堂和广场，占据了旧教堂的一片花园。通过宏伟的入口，厚重感会被宁静的庭院氛围削弱，墙体和地面都采用了同种恬静的石材，院落的沉静偶尔被点缀其间的树木打破，而树木的色彩又在背景中得到了加强。

　　设计师利用材料和空间的对比手法，将重与轻、虚与实结合在同一空间内，形成简单而有力的形象。院落中间，白色的细柱支撑起薄板楼面，周围被6m×3m，1.2cm厚的双层玻璃板所包围，光线通透性极强（图3-22）。

图3-22　西班牙萨莫拉水晶办公室设计

案例2　本生设计：中式极简禅意办公空间设计

　　入口处，设计师巧妙地运用灯光设计，光线恰到好处的投影使得标志"本生设计"跃然纸上（图3-23）。

门口玄关处是个小玄机，设计师希望经过此处的人，看到名字之后能进入新的空间。黑白分明的色彩，转入开阔的空间，映入眼帘的是工作区，隐约地散发着不动声色的美（图3-24）。

图3-23　品牌标志设计

图3-24　入口设计

接待区最吸睛的是一幅色彩浓郁的几何画，大面的块体与柜体保持着90°的关系，避免了视觉上的空旷感。这个空间是空间整体的浓缩版，简洁、雅致却又带有一种年轻人的活力（图3-25）。

工作区简练而富有张力，一张长方形桌案是设计师们创意相互碰撞的区域。最具格调的灰色成为零星点缀，顶部空间均匀分配的块体灯如同行云流水，犹如设计师源源不断的灵感设计（图3-26）。

图3-25　接待区设计

图3-26　工作区设计

负责人办公室极具亲和力和舒适性，设计师希望用简练的软装来描绘一处自然随和的空间。因此办公桌椅、书柜的功能与美学被巧妙结合，统一而深浅分明的颜色让空间不乏单调（图3-27）。

图3-27　办公室设计

飘窗茶座，木质与棉布相结合，加上白纱窗帘的材质，丰富了空间的细节，让其在自然的基调中形成对比，无论是工作还是休憩，都各得其所，让人保持一种舒雅、自由的心境（图3-28）。

图3-28　飘窗设计

会议室内，大面积的落地窗引入更多的光线，一串白炽灯泛着明亮的色彩，白色墙面与桌面映着光的柔美（图3-29）。

图3-29　会议室设计

快节奏的生活，更应该追求一种更为稳重的工作态度。因此，在办公空间中，不同于以往茶水间的样貌，设计师转而设计了一间茶室，在简单中追求丰富，在纯粹中呈现典雅，为现代办公空间注入鲜明的个性。

错落交织的方体竹灯顺着黑色线条落下，飘窗上隐蔽式灯光划出一道直线，造就了简而不凡的艺术语言。墙面三幅立体绿植与碎石装饰，成为象征活力的微景观元素，折叠式栅栏屏风更是抓住了传统中式的精髓（图3-30）。

图3-30　茶室设计

案例3　木研营造：办公空间设计

木者，工匠也。设计师以"木"作为空间的创作主线，结合传统榫结构工艺，突出空间主题，体现出工匠精神。

在整个空间缔造上，白、灰是主打色，线条流畅，利用简素的物体和天然材料来营造室内空间，原本单调而枯燥的色彩，被设计师搭配得天衣无缝、滴水不漏。

（1）前台

前台及开放办公区域整体采用了白、灰的色调的搭配，毫无杂质的白色和灰色在空间铺陈开来，极致的色彩组合让空间充满了极简的力量感（图3-31）。

图3-31　白、灰的色调的搭配

另外，设计师用点、线、面的基础设计元素为空间带来了多层次的视觉变化。前台传统榫的线条装饰物装饰台面，前厅入口处铁艺架上的方块为里面装饰添加了可变化的趣味性（图3-32、图3-33）。

图3-32　传统榫的线条装饰物

图3-33　铁艺架

（2）会议室

灯饰与个性的桌椅相互映衬，视野开阔的落地窗结合灰色的仿古砖墙面，整体造型更具现代化的设计感（图3-34）。

图3-34　会议室

（3）总经理办公室

白天，开敞明亮的落地玻璃窗引入满室灿烂的阳光，而在晚上，美丽的城市夜景则尽收眼底。

明朗的线条，厚实沉稳的布艺沙发配上个性的抱枕，融合了现代简约主义理念，沉稳与时尚兼具，满室充盈着浓郁的简约格调（图3-35）。

图3-35　总经理办公室设计

3.3　商业空间

　　商业空间主要指办公、销售与服务场所，也包括产品的陈列与展示空间。

　　优秀的商业空间设计可以提升企业（品牌）品质，营造沟通和服务的良好气氛，舒缓职员和客户的精神压力，享受独特的人文环境。企业根据所从事行业的特征，而设计各种不同风格的商业空间，以体现服务的社会层次、文化修养与个性特征。在未发生商业行为之前，你需要一个合适的商业空间。

3.3.1　商业空间极简设计手法及表现载体

　　随着生产力和科学技术水平的发展以及大众审美意识的不断改变，极简主义的发展也没有停止过，相对于世纪，当今的设计师对极简主义设计元素的运用更加柔和，设计态度也更加宽容。而极简主义的应用领域不同，其设计表现元素与手法也各不相同，下面就极简主义在现代商业展示空间中的设计表现元素及其手法进行分析。

3.3.1.1　空间布局——呈虚实几何构成

　　一直以来极简主义的室内空间构成都是基于严谨的几何学原理，使得整体空间极具秩序性和几何学的纯粹性。这种空间布局形式同样也应用在现代商业空间展示设计之中，通过将设计语言抽象成简洁的几何形体，并将所有元素进行合理归纳和布置，从而形成形式清晰的空间布局，使展示空间显得简洁且有内涵。为满足顾客流通的要求，极简主义在商业展示空间布局中的流畅性特点显得更加重要，其通过对不同功能的分隔空间之间的过渡区域进行部分虚化，使各个空间之间的联系更加柔和，从而使商业展示空间更具整体性。

3.3.1.2　材料——耐用、易洗、环保、低价

　　室内空间的设计离不开对材料的运用，由于客流量与互动性的要求，商业展示空间的材料必须首先要符合耐用的特点，其次应优先选取利于清洁的材料。材料的选择同时也是体现商业展示空间特征与艺术的重要组成部分，不同材料的视觉特性和触感，可以营造出不同氛围的室内环境，从而给顾客的购物体验施加重要影响。

　　和早期相比，极简主义设计师对材料的运用变得更加多样化，但主要有以下几个原则：

　　① 体现材料本身原有的质感和外观；

　　② 多使用质感光滑、反光的材料；

　　③ 坚持"从摇篮到摇篮"的可持续发展材料观。

　　另外，商业空间的翻新和材料的更换相对其他空间都频繁，因此，为了尽量减少资源的浪费，应尽可能在达到功能性要求的前提下选择价格低廉的材料。

　　极简主义的商业展示空间中常使用的材料有：

（1）钢材和玻璃

玻璃和钢材都是现代工业的产物，一直是极简主义的商业展示空间中最富代表性的材料。钢材坚固耐用，经过抛光处理后易于清洁，多用于墙壁的覆层以及展示家具的基材，而且可以说钢材是现代工业发展的重要体现，对于注重功能性与现代感的极简主义设计，钢材最具实用性，也最能体现空间的质感，同时钢材的沉重感使极简主义空旷的空间沉淀了下来。玻璃的种类繁多，结构性强，玻璃作为分隔室内外展示空间的材料，可以引入自然光线，而且其玻璃透明或者半透明的特性一方面体现了空间的层次感，另一方面保持了空间原有的整体感。

（2）木材

木材是自古以来最常用的建筑材料，根据木材质地的不同，可以在展示空间中体现出不同的明暗关系。尽管天然木材是传统的建筑材料，但也愈加频繁地应用于极简主义的现代商业展示空间之中。和玻璃、钢材相比，木材的质感温润，天然形成的纹理与缺陷给空间带来了独特的魅力，也弱化了极简主义空间的冷漠感与材料的单一性，使顾客对购物空间产生与自然亲近的亲切感，激发顾客美好的体验。

（3）水泥材质

在商业展示空间材料质感的使用上，极简主义设计风格历来坚持用材料固有肌理和色彩来表现，力图将人们的视觉注意力回归到材料本身质感上，因此，许多极简主义的商业展示空间中都会出现经过压光处理的水泥地面和未经处理的混凝土立柱。由于混凝土结实耐用，在设计实践中，还多用于墙壁覆层和地板饰面，经过抛光后可以显示出不同的光泽，增添空间的层次感。

随着科技进步和生产力提升，许多新颖的建筑材料进入到设计师的视野之中，极简主义设计师们也一直在探索将这些新型材料应用到商业展示空间之中，但是对新型材料的选择与应用始终坚持：

① 鉴于商业展示空间需要频繁翻新的原因，新型材料的选择应该符合可持续发展原则，在替换以后能继续被回收利用；

② 用于地板、墙面覆层、展示家具的新型材料，应经久耐用、易于清洁；

③ 新型材料在施工和使用过程中不产生或者产生尽量少的有害气体和废料；

④ 新型材料的纹理应避免过于复杂，色调应尽量整体统一、感觉温和；

⑤ 新型材料施工工艺应尽量简单，避免过多的资源浪费和能源损耗。

3.3.1.3 色彩——以无色系为主调

在极简主义的商业展示空间中，材料的选择一方面要考虑到其功能性要求，另一方面是通过材质的颜色来构成空间整体的色彩。随着时代的发展，以及人们审美水平的提高，极简主义在商业展示空间中的色彩表现，仍然以无色系为主调，也经常会出现亮彩色作为点缀，活跃空间的气氛。在实际的设计过程中，极简主义的商业展示空间的色彩搭配主要有以下几种手法。

① 通过在展示空间中大量运用黑白色来形成强对比，有效分隔出各个功能空间，同时这也是极简主义的最永恒的色彩表现手法。

② 通过同色域色彩间的弱对比，来丰富空间语言，从而营造出不同功能的商业展示空间氛围。

德国极简主义设计师皮埃尔·乔治·萨雷斯（Pierre Jorge Gonzalez）和朱迪思·哈泽（Judith Haaze）在位于希腊雅典的Antonios Markos商店实验性地通过同色域色彩的弱对比来达到分割空间的目的。店内的上下层结构相似，第一层为浅灰色，第二层为深灰色，这个大面积的弱对比在顾客心中自然地建立起一种层级感，即使不刻意观察也会发现两层的区别，这也符合功能主义的需求，潜移默化地影响着顾客的购物体验（图3-36）。

图3-36　希腊雅典Antonios Markos商店

③ 表达建筑内部空间本身的结构色彩美　许多极简主义的商业空间会以未经粉刷的水泥灰色墙面和立柱为主色调。材料天然色彩的表现是极简主义在商

业空间展示设计中常用到的彩色点缀方法，而且这种手法与极简主义表现建筑自身的结构美有着异曲同工之妙，其在整体空间的无色系主色调中，起到画龙点睛、活跃色彩旋律之效。

3.3.1.4 照明——崇尚自然光

极简主义在现代商业空间展示设计中对自然光的运用有着强烈的执着，一方面是因为自然光的特殊性，自然光没有杂色，属于无色光，象征着温暖、和谐，这与极简主义设计理念中对事物的纯净追求不谋而合。如图3-37所示，通过大面积的玻璃橱窗或者天窗把自然光引入到商业展示空间中，使内外空间相互渗透，室内空间变得明亮和通透，自然光的强弱和照射角度都会随着太阳的移动而变化，增加展示空间的层次感，同时也节省了照明资源。另一方面，自然光的运用也对节约能源有着至关重要的影响，和其他室内空间不同，在商业展示空间中，由于商品展示的需要，大部分照明系统都要保持8个小时的持续通电，有些则昼夜不停，因此大量的室内照明系统会带来无法估计的能源消耗，而自然光的运用，可以有效减少一些不必要的能源浪费。

虽然自然光的独特和环保一直被极简主义设计师认为是展示空间照明光源的最好选择，但是由于自然光照受时间、天气和所处地点的影响相对较大，如在夜晚或者雨天自然光的照射就十分有限。因此，为了保证商业展示空间充足的照明，人造灯光依然普遍运用在各个设计作品之中。但是设计师为了追求室内空间的纯净感，对人工光源的添加，一般会优先用来满足照明的功能性，灯具的选择也去除了装饰性，多使用灯光的颜色和自然光相似的灯具，从而避免了人工照明对建筑材料、展示家具和展示商品原有材质的视觉影响。

图3-37 西班牙Gorbea 4中庭设计

Chapter
03

3.3.2 案例

案例1 北京梵几家具店空间设计

    该项目是梵几家具在国子监胡同打造的综合空间，包括了家具、杂货和咖啡等。这是一座二进式的中式建筑，前院包含了一个地下室。设计师保留了梁柱的原始木色，拆除了琐碎的建筑部分及装饰，使整个结构更加简洁得体。

    为了增加更多的空间来展示家具，前院采用了玻璃空间，整个的前院由三个玻璃盒子组成，这些玻璃盒子呈现出彼此面对面的状态。其中两个盒子由走廊连接，从而将院子和玻璃房子结合起来（图3-38）。

图3-38　前院由三个玻璃盒子组成

    后院的设计，保持了庭院的本身，增加了分散的连廊和开放的休息平台，解决了原有建筑的高度差。咖啡厅设计和茶室设计都采用了折叠的落地窗，在晴好的天气里，它们可以打开，实现了室内外自然的融合（图3-39）。

    在灯光的设计上，高光射灯与自然光的结合打造出一个明亮的家具展示区。其中咖啡区则采用钨丝灯，打造出一个相对温暖私密的氛围，同时使用灯带来强调整个空间的建筑结构（图3-40）。

    在整个空间的设计上，设计师注意平衡中式建筑的繁复与西方极简主义的差异与融合。使用了大量的原色木材以及天然石材等，使尊贵的中式建筑充满了亲切感与自然感（图3-41）。

图3-39　咖啡厅和茶室都采用了折叠的落地窗

图3-40　高光射灯与自然光的结合

图3-41　原色木材和天然石材的使用平衡了中式建筑的繁复与西方极简主义

案例2 米兰威尼斯街阿玛尼家居全新旗舰店空间设计

　　该店坐落于威盛圣达米亚诺（Via San Damiano）街角，俯瞰纳维利奥（Naviglio）运河。这里曾是德帕多瓦（De Padova）的总部，慧眼独具的乔治·阿玛尼（Giorgio Armani）选择这个独特位置，并采用因地制宜的设计，使其成为通往米兰时尚购物区的完美门户。

图3-42　展示台

图3-43　楼梯

　　乔治·阿玛尼（Giorgio Armani）表示："在我理想的生活方式中，设计占据着重要地位，这家新店使我有机会展示完整的家居系列。这是一座雄伟的建筑，虽然还称不上不朽的历史遗产。我把它设想成工作室——灵活、功能丰富，而且不断发展。"

　　作为全球最大的Armani/Casa店铺，新店一楼拥有十六扇窗户，入口上方的两层也配备同样数量的窗口。

　　店铺设计采用4.3m全长双层轻薄铂金金属网屏，重现大型设计工作室的精髓：在不同场景之间设置薄如面纱的分隔，营造灵动空间。双层网屏之间放置大型装饰板，采用印花透明醋酸板制成，再现作品系列的设计图案，包括地毯、织物和壁纸的图形细节；给人以轻盈飘逸之感。桌子与展示台采用灵活的流线型设计，突出作品持续变化的特点，营造温馨生活环境，强调大胆创意。高挑天花板为这座温馨而精致的店铺营造空间感，俯瞰一楼的夹层使整体空间错落有致。

　　所有橱窗都用诞生于1982年的标志性灯具图案进行装饰，透过网屏清晰可见。作为Armani/Casa的象征，这种简单的灯具图案也出现在店铺内部，以雕花形式装点一楼墙板。雕花楼梯连接所有楼层，采用内部设计的经典材质——浅色橡木，流畅的线条使这座优雅楼梯成为店内焦点。楼梯底部覆盖以特殊材质，具有珍珠母色视觉效果（图3-42、图3-43）。

店铺主色调为铂金色，彰显其柔和而时尚的观感，与随处可见的红色与深绿色装饰和配件形成鲜明对比。优雅而流畅的设计打造出奢华而清新的整体效果，而这正是Armani/Casa品牌的特色所在（图3-44）。

图3-44　店铺主色调为铂金色

案例3　Giuliano Fujiwara台湾地区专卖店设计

　　Giuliano Fujiwara以极简精神在男装时尚界中声名大噪（图3-45）。

图3-45　Giuliano Fujiwara极简男装设计

不对称的剪裁风格也同样表现在空间设计中。中国台湾地区首间概念店同样以几何学的角度出发，将空间变成几何线条、图形的立体界面。线与面的结合将顾客带到几何的感官世界中，引导出品牌独特的服装设计体验。线在天花板上交错行走，在装置感十足的衣物挂架上摇摆不定，构成了一副错落的印象。这些错落的线条与平面的线条平行交叉，构成一种和谐的统一。

三角形、不规则四边形的不同平面构成了空间的区隔和陈列区，进行抛光处理的平面投影出服装以及室内场景，表现出一种戏剧化的张力。这些立体造型的装置运用了黑白相间的色彩组合，如同艺术品般的矗立店内，同时也正诠释着品牌独特迷人的精神与意义。中性的色调显示出品牌的内敛特征，与店内陈列的服装可谓相得益彰（图3-46）。

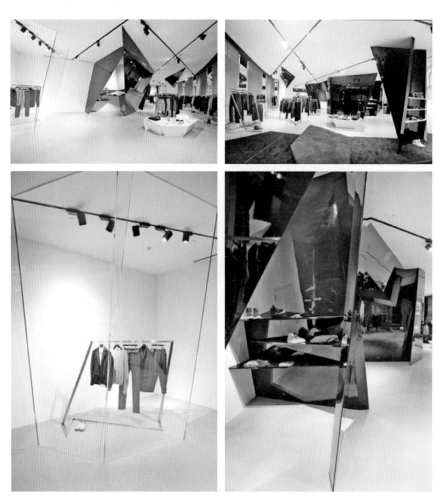

图3-46　Giuliano Fujiwara台湾专卖店设计

3.4 极简主义建筑设计

在建筑设计方面，极少主义建筑受极少主义雕塑和大地艺术影响较大，表现为极少主义建筑常常运用金属、玻璃等人工材料打造平滑光洁的表面，通过简单几何形式的重复、排列来构筑有秩序感的三维空间，具有浓厚的现代工业气息。

随着极简主义建筑日渐发展，对精简、对本质和对几何性的纯粹且极致的追求成为当代极少主义倾向的设计师的共同理念。在简洁的建筑外表下，设计师对材料、光线、空间、细节等不同的本质元素的精妙思考和极致运用也因个人的文化、经历、环境的不同而表现鲜明的个人特色。如阿尔瓦罗·西扎对现代建筑和地区建筑的融合，墨西哥建筑师路易斯·巴拉干对"光"这一元素的独到见解；赫佐格和德默隆（Jacqes Herzog & Pierre de Meuron），代表作为泰特现代美术馆。

泰特现代美术馆，展现了简洁却耐人寻味的建筑体量关系。外表由褐色砖墙覆盖、内部是钢筋结构的美术馆，原本是一座气势宏大的发电厂，高耸入云的大烟囱是它的标志。如今的泰特现代美术馆由瑞士两名年轻的建筑家Jacqes Herzog和Pierre de Meuron改建而成，他们将巨大的涡轮车间改造成既可举行小型聚会、摆放艺术品，又具有主要通道和集散地功能的大厅，观众从这里乘扶梯上楼（图3-47）。

图3-47　泰特现代美术馆

作为20世纪现代建筑出现之后的一种倾向，极少主义建筑的特点可以概括为：形式简练、空间纯净、构造精巧；先进技术做支撑、形态构成统一整体、探索建筑的本质精神。如今的极少主义正被不断注入新的理念、新的内涵，在媚俗繁艳的建筑界中独树一帜。崇尚纯净简约的极少主义将不断为世界贡献饱含人文气息的建筑作品。

图3-48　西格拉姆大厦

1954—1958年建于纽约的西格拉姆大厦。这座仿佛凌空生起的摩天大楼无疑是纽约最精致的建筑之一，这种精致不是来自楼里楼外充斥的雕花线脚，而是来自其精巧的结构构件，茶色玻璃和内部简约的空间。在二十世纪以前，建筑形式在受到结构限制的同时也受到当时的建筑拥有者的思想限制。在西方建筑的各种形式中，繁多的装饰件，庞大的结构体是其统一象征。只有当新的结构技术和新材料的大量使用时，建筑才会产生根本性的变革，二十世纪是钢的世纪、电的世纪，当钢铁和玻璃广泛应用于建筑之前，一批思想先进的建筑师走在了运动的前列。无疑，密斯"少即是多"就是居于这样一种环境而产生的。在密斯的建筑中包括从室内装饰到家具，都要精简到不能再改动的地步（图3-48）。

案例1　蒙德马桑图书馆

蒙德马桑市立图书馆是该城市重要的文化中心，人们聚集于此，进行各种交流活动，这个通透性极佳的图书馆给人以亲和感。

建筑谨慎的与周边房屋形成一致协调的高度，并以极简的几何造型（60m×60m的方体布局）展现在大家面前，反射镜面玻璃幕墙清晰地映射出周围环境（图3-49、图3-50）。

与笔直的外边界形成对比，隐藏在建筑内的天井庭院是该中心的"小"惊喜，采用了异形曲线式，原型来自马蒂斯画的"莨苕叶"和阿尔瓦·阿尔托设计的花瓶。建筑室内各个功能空间以开放的形式聚合在一起，形成一个连续的、光线均匀扩散的空间（图3-51）。

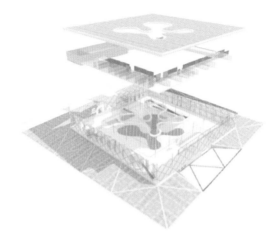

图3-49　立体结构分解图

图3-50　整个建筑外观包裹着透明的玻璃

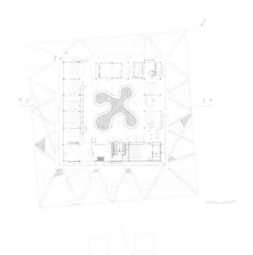

图3-51　采用了异形曲线式的天井庭院

人们从四面八方进入这个明亮的玻璃体，夜晚灯光璀璨，透明的白色立方体幻化成一个温馨、开放、透明的灯塔式空间（图3-52）。这里气氛轻松，环境安静。

图3-52　灯塔式空间

案例2　布雷根兹艺术博物馆

奥地利一向以紧随世界艺术潮流而闻名，并通过一种流变式的展馆风格适应当代世界艺术发展的飞速变化。设计师祖索尔设计的这个具有极简主义风格的艺术博物馆正好迎合了奥地利的品位。

图3-53　博物馆是一座四层的长方形混凝土建筑

博物馆的整个设计都是基于建筑艺术的珍贵文献材料和对当代艺术作品收藏的有效陈列，在艺术与建筑之间搭建一个相互融合的平台，从而在世界范围内扩大其影响力。

设计师祖索尔将博物馆设计成一座四层的长方形混凝土建筑。外立面采用的是被腐蚀的半透明玻璃装置，天空中的光线有层次地通过建筑物进行反射。在晚上，这些幕墙能转换为巨大的广告牌或是屏幕（图3-53）。

在内部设计上，也遵循了外部的极简主义设计风格。展览区域采用的是一些基础性石材，但非常重视细节设计。墙面和地板采用抛光混凝土板，屋顶采用的是毛玻璃。正是这种简单石材的运用更加突出了展览馆沉稳、单调的严肃氛围。但这种简单的设计搭配室内陈列的这些色彩感十足的当代艺术作品，反而营造出一种极具感官体验的参观效果，可以说是建筑与艺术作品的完美融合（图3-54～图3-56）。

图3-54　墙面和地板采用抛光混凝土板

图3-55　屋顶采用的是毛玻璃　　　　　　图3-56　陈列的艺术作品

案例3　水的教堂

安藤忠雄和他的助手们在场里挖出了一个90m×45m的人工水池，从周围的一条河中引来了水。水池的深度是经过精心设计的，以使水面能微妙地表现出风的存在，甚至一阵小风都能兴起涟漪。

面对池塘，设计师将两个分别为10m²和15m²的正方形在平面上进行了叠合。环绕它们的是一道"L"型的独立的混凝土墙。人们在这道长长的墙的外面行走是看不见水池的。只有在墙尽头的开口处转过180°，参观者才第一次看到水面。在这样的视景中，人们走过一条舒缓的坡道来到四面以玻璃围合的入口。

这是一个光的盒子，天穹下矗立着四个独立的十字架，玻璃衬托着蓝天，使人冥思禅意。整个空间中充溢着自然的光线，使人感受到宗教礼仪的肃穆。接着，人们从这里走下一个旋转的黑暗楼梯来到教堂，水池在眼前展开，中间是一个十字架。一条简单的线分开了大地和天空、世俗和神明。

教堂面向水池的玻璃面是可以整个开启的，人们可以直接与自然接触，听到树叶的沙沙声、水波的声响和鸟儿的鸣唱。景致随着时间的转逝也无常变幻……（图3-57）。

图3-57　水的教堂

在一系列教堂的设计中，安藤忠雄思考着神圣空间。他问自己，对他来说神圣空间意味着什么？在西方，神圣空间是形而上的。然而，他深信神圣空间与自然存在着某种联系，而这与日本式的泛灵论或泛神论无关。他思想中的自然是与原生的自然不同的。对他而言，神圣所关系的是一种人造自然或建筑化的自然。他认为，当绿化、水、光和风根据人的意念从原生的自然中抽象出来，它们即趋向了神性。后来建造中的光的教堂表现的是光这种自然元素的建筑化和抽象化。空间几乎完全被坚实的混凝土墙所围合。内部是真正的黑暗。在那样的黑暗中飘浮着一道十字架的光线，这就是全部。墙上的裂痕赋予空间以张力并使之神化，它们抽象地渲染着已经建筑化了的室外光线（图3-58）。

图3-58　光的教堂

3.5　极简主义景观设计

　　极简主义景观设计有着久远的思想渊源。早在春秋战国时代的中国，哲学家老子就曾经有"少则多，多则感"的说法，而在西方，古希腊时期哲学家柏拉图在论述几何立方体时，就已提出了简单极少的观点。处于不同文化体系下的古代东方和西方艺术中，都曾经以不同的方式体现出对极简的追求。

　　早在13世纪，通过马可·波罗所著的《东方见闻录》西方人就开始了解中国文化，此后并一直保持着相当的好奇和热情，具体到造园艺术，"中国热"更在18世纪的英国风景式园林中达到高潮。中国园林中对意境的营造和以少胜多的抽象手法对极简主义景观产生了不可忽视的影响。查尔斯·詹克斯在其《现代建筑语言》书中，指出"中国园林有实际的宗教上和哲学上的玄学背景"，佛、道对中国文化乃至以中国文化为代表的东方文化都有着深远的影响。

　　禅宗源于佛教文化宗派，是在中国文化土壤上形成的一个中国佛教宗派，提倡通过个体的直觉体验和沉思冥想的思维方式，从而在感性中通过悟境而达到精神上的一种超脱，与自然禅悟折射出十足的空寂、空灵，淡远却不乏明净、流动、静谧的气韵。从禅宗的观点看，时间万物都是佛法或本心的幻化，这就为园林这种形式上有限的自然山水艺术提供了审美体验的无限可能性，即打破了小自然与大自然的根本界限，这在一定的思想深度上构筑了中国文人园林中以小见大、咫尺山林的园林空间。除了以小见大的创作方法以外，中国园林中还注重"淡"的表现，一是景观本身具有平淡或枯淡的视觉效果，其中简、疏、古、拙等都可构成达到这一效果的手段，一是通过"平淡无奇"的暗示，触发你的直觉感受，从而在思维的超越中达到某种审美体验，如图3-59所示。

公元12世纪，禅宗思想进入日本，并慢慢地渗入到日本人生活和文化等各个层面，并在与本土文化的不断碰撞、融合中，形成了具有自己民族特色的哲学思想。禅宗所主张的纯粹依靠内心省悟，排除一切言语、文字和行为表达的主观唯心主义思想，将日本园林的创作，从各种物质条件的束缚中解脱出来。僧侣们运用非常单纯的材料、极为简练的手法，营建禅寺园林——一种观照式的庭园，表现广大无限的自然界和内心幽幻的宗教世界，让人们通过静坐、观赏和内省，达到对宗教境界的感悟，把日本的枯山水推向纯净、抽象的，如图3-60所示。

如果说东方文化对极简主义景观的内涵塑造起到潜移默化的作用，西方文化则对极简主义景观的外显特征有着直接的影响。他们的美学观念也是从数的观点出发，认为美的源泉是数的协调，因此提出"黄金分割律"。这种数学的或几何的审美思想一直深刻地影响着欧洲艺术界，西方几何规则式园林风格正是在这种唯理主义的美学观念影响下逐渐形成的。在法国古典主义园林中，人们不欣赏树木花草自然的美，而只把它们当作有各种色彩和质感的均质材料，用

图3-59　苏州拙政园

图3-60　日本枯山水庭院

来铺砌成平台的图案，或者修剪成球形、长方、圆锥等绿色的几何体，园林的美不是自然形态之美，而是各种图案和几何体的美，即人工美。

17世纪，园林史上出现了一位开创法国乃至欧洲造园新风格的杰出人物——勒·诺特，他在吸收了意大利文艺复兴园林许多特点的基础上，开创了一种新的造园样式，这种园林同样是几何式的，但有着更为

图3-61　凡尔赛花园

严谨的几何秩序，静而开阔，统一中又富有变化，均衡和谐，显得富丽堂皇。

极简主义景观代表设计师丹·凯利（Dan Kiley）、彼特·沃克（Peter Walker）在参观考察了勒·诺特设计的凡尔赛花园之后，都有很深的触动（图3-61）。

凯利在那里找到了他一直苦苦寻觅的结构手段，之后凯利开始尝试运用各种古典要素，进行新的试验。从20世纪40年代晚期到50年代早期，凯利的作品显示出他运用古典主义语言营造现代景观空间的强烈追求，并在此后的设计中逐步提炼，使得作品愈发现代、秩序、简约，如他早期设计的米勒花园（Miller Garden）、科罗拉多空军学院，到后来的达拉斯联合银行大厦喷泉广场作品等（图3-62、图3-63）。

图3-62　米勒花园

图3-63　科罗拉多空军学院

图3-64　德国慕尼黑机场凯宾斯基酒店花园

图3-65　日本IBM大楼庭院

彼得·沃克则如此形容他参观了巴黎的苏艾克斯、维康府邸和凡尔赛之后的感悟，"像一盏明灯照亮了前进的方向"。他发现，勒·诺特设计的园林展示了极简主义艺术家所做的每一件事情，极简主义艺术家在控制室内外空间的方法上与勒·诺特用少数几个要素控制巨大尺度空间的方法有相当多的联系。他甚至认为，从某种程度来说，勒·诺特早在17世纪就已经完成了极简与景观的结合。沃克设计的园林就是现代的和极简的德国慕尼黑机场凯宾斯基酒店花园，将勒·诺特的古典主义、极简主义和现代主义结合起来塑造景观，使设计达到了一个新的高度（图3-64）。沃克还喜欢日本禅宗园林简朴野逸的风格，代表作品是日本IBM（国际商业机器公司）大楼庭院（图3-65）。

空间物体是极简主义创作的主要素材和表现内容，为观赏者提供直接的感受和切身的经历的空间和场所，让观赏者体验到最直接的方式创造一个原初物的原初经验。极简主义景观的设计理念是展现和揭示环境、人和物三者之间的关系，这些作品常常具有可参与的形式，不被认为是形式主义，尽管它们有明确的形体，但是必须环绕它们、穿越它们、贴近它们、身处其中才能很好地解读他们，确切地说，它们给观众提供了一种新的感受空间的方式，甚至是，欣赏者必须和作品发生一种实践关系，观众才能读懂它们。这些作品一般采用开放的形式：包括使用简单的几何形状、实物的摆放和重复等。由于极简主义的模糊性、兼容性、边沿性和争议性，艺术家和设计师的视觉特征也各不相同，在不同的组织方式中无意识中渗透了不同的语意内涵，在部分作品中，节奏和重复更多涉及有机物和自然界的运动节律和诗的韵律，例如潮汐、心跳、脉搏、新陈代谢等现场的时间节奏，而不是冷漠的机械性的重复。还有一些艺术家利用室外空间作为一种连续性的非商业环境，在这些作品中，艺术家运用土地、岩石、水、植被以及其他自然材料来塑造改变已有空间，雕塑和景观紧密融合，不分你我，形成与自然共生的结构，如史密斯的螺旋形防堤等，诠释和叙述了人与自然气象、人与自然环境的一种关系（图3-66）。

图3-66　史密斯的螺旋形防堤

简洁、秩序的外显特征回应了现代生活的功能需要；丰富、深邃的内涵感悟满足了现代人的精神需求。极简主义景观显然是对传统的继承发扬，在古典精粹和时代精神之间找到了一个非常契合的交叉点，东、西文化兼收并蓄，扬长避短，实现了碰撞后的融合和传统基础上的现代超越。

极简主义景观是现代主义景观的总结与发展。极简主义景观在形式上追求极度简化、客观、抽象，以很少的设计元素控制大尺度的空间，但对观众的影响和冲击力却十分迅速和直接，简单中彰显着复杂，纯净中映射出神秘。极简主义在空间造型中注重光线的处理、空间的渗透，以概括的线条、单纯的色块，强调元素间的相互关联及合理布局。可概括为以下四点：

（1）非表现和非参照

极简主义追求的不仅是抽象，而是摆脱与外界联系，不反映除了本身以外的任何东西，不参照则是以独特新颖的方式建立起属于自己的场地环境，强调观者所见、所感的真实性。换句话说，极简主义景观推崇的就是真实、客观地存在。

（2）现代材料的运用

不难发现，在极简主义景观中，善于利用现代材料，充分表达对现代感的认同，大量金属、玻璃、钢架等材料的使用，加上传统材料的融入，岩石、卵石、木材等，共同演绎出工业时代的特征。

（3）规则式和自然式的对比

极简主义以规则形式传达出的简洁，与植物自然形态形成鲜明对比，形成纯粹的美感及张力。植物让建筑厚重的体量显得轻盈起来，也弱化了过于硬化的场地空间。

（4）体验性空间

接近自然、聆听自然，是极简主义景观又一个独到之处，运用四季和时间产生的变化，大大提升景观丰富度，看似简单的设计，其实充满趣味和魅力，这个体验性空间，需要我们静下心来，在里面逗留、感受。

案例1　达拉斯联合银行广场

达拉斯联合银行大厦是由贝聿铭事务所设计的60层高的玻璃塔楼。设计师丹·凯利一方面考虑到达拉斯炎热的气候，另一方面受到建筑方案的玻璃幕墙的启发，凯利在第一次看现场时，就产生了将整个环境做成一片水面的构思。

设计师在基地上建立了两个重叠的5m×5m的网格，一个网格的交叉点上布置了圆形的落羽杉的树池，另一个网格的交叉点上是加气喷泉。除了特定区域，如通行路和中心广场，基地的70%被水覆盖，在有高差的地方，形成一系列跌落的水池。广场中心硬质铺装下设有喷头，由电脑控制喷出不同形状的水造型。

在广场中行走，如同穿行于森林沼泽地。尤其是夜晚，当广场所有的加气喷泉和跌水被水下的灯光照亮时，具有一种梦幻般的效果。

在极端商业化的市中心，这是一个令人意想不到的地方，可以躲避交通的嘈杂和夏季的炎热（图3-67）。

图3-67　达拉斯联合银行大厦喷泉广场

案例2　梅萨艺术中心

玛莎·施瓦茨，20世纪中后期现代景观艺术的标志性人物，一向以不走寻常路和挑战传统的设计手法而享誉国际景观建筑界。她对一些非主流的、临时的材料以及规整的几何形式有着狂热的喜爱，同时作品表现出对基址的文脉的尊重。

梅萨艺术中心理论上位于梅萨城市中心轴线上，以及该市城市主动脉和中心大街的交汇处。这里是一个难以想象的大型重要街区，总面积36km²。一条100m宽的大道，非常有气势，足够一队公牛牵引的大车完成一个U形转弯。此外，这里还是整座城市举办各种集会活动的聚集点。设计师希望通过设计能够将这里变成一个充满活力，汇聚各种想象的中心空间，同时也能将从前没有任何关联的各个城市区域有机地串联在一起，形成一个有机的整体。

因此，设计团队的主要工作就是创造一个真实的具有社会属性的振动的核子，借助它来让这个城市中心改头换面。整个地块包括3个面积不同的承接表演活动的艺术中心，一个社会艺术画廊，以及一所学校。另外，项目的主要负责人还希望能够让这里再出现一个具有标志性的公共室外活动空间，除了举办一些城市范围的大型活动，同时也能满足一些小型聚会对室外空间的需要。

经过对12个设计方案的研究后，设计人员决定以"异质晶族"的模式来安排整个构成模式。中心构架包括造型统一、坚固优美的外形，其内部则盛装着一块充满奇妙色彩的"宝石"。如图3-68、图3-69为梅萨艺术中心的平面图和鸟瞰图。

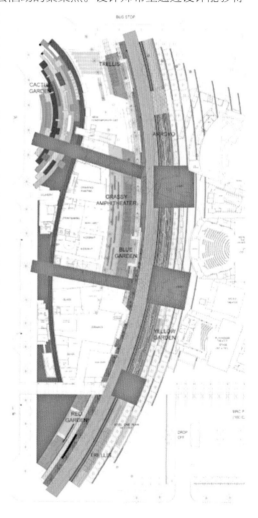

图3-68　平面图

图3-69　鸟瞰图

沿着城市主动脉和中心大街修建的景墙缓解了城市密度不协调的问题，同时也对空间实现了进一步定义。于是，这个街区经过"凿刻""挖掘"后，出现了一条带有市民活动空间的精致的人行道，同时它也将人们自然地引入3个剧场（图3-70）。

图3-70　街道景墙

人行道向前延伸是一条"阴凉步道"，这个豪华的步行区贯穿于一个造型粗犷的拱形遮阳棚。在这个沙漠地区，高强度的日光是整个环境最显著的特征，而合成的遮阳设施就成为整个设计最根本的构成元素（图3-71）。

所用植物材料就像中心3个舞台上的表演者一样，为整个空间带来活力和艺术效果。"阴凉步道"为举办大小各种规模的聚会、表演、艺术展览提供了机会，同时也为人们休闲、享受水景创造了便利条件。相互重叠的荫凉、可延伸的遮阳篷以及树篱为这个身处干旱沙漠的公共设施营造出一个凉爽惬意的绿洲。

　　与"阴凉步道"平行的是一条"干枯的河床"，这个长300m的笔直的水景将这里的自然环境进行巧妙地描述。干旱的"河床"由金色的石灰华瓦片和火山岩石碎片铺设而成。设计师通过这个设计告诉人们，虽然这里地处沙漠地区，但是从北向南还是会阶段性地出现水量充沛期，从而唤起人们对曾经的水流充足的短暂回忆。雨洪期过后，河水消失，下一个季节的循环即将开始。在这里，每年平均有300个阳光充足的白天，有90天的气温会超过100 ℉，实在让人们很难有心情再从事其他娱乐活动。因此流水带来的凉爽和遮阳篷的使用在这里非常有必要，而且很受欢迎（图3-72）。

图3-71　拱形遮阳棚

图3-72　干枯的河床

　　"阴凉步道"的另一个主题景观元素就是宴会桌，这一元素也在艺术中心大厦里多次出现。这个狭长的不锈钢餐桌内设有一个流水槽，酷似朗特花园的水桌。宴会桌寓意各地宾朋汇聚于此，同时也为迎合剧场的艺术氛围营造了更加正规的社交环境（图3-73）。

设计师还为艺术中心设置了红、蓝、黄3个主题小花园，分别用单一色调的景墙和地面铺装强调不同的主色调。弧形植物种植槽内用单一颜色的碎玻璃覆盖种植基质，形成强烈的视觉冲击力（图3-74）。

图3-73　宴会桌

图3-74　主题小花园

案例3　9·11国家纪念广场

彼得·沃克的设计方案——倒影缺失，位于纽约恐怖袭击事件的发生地——世贸中心遗址，是为了纪念9·11事件中的死难者，分为国家纪念馆和国家博物馆两个部分。

该广场的设计建造并没有应用过多装饰性元素和材料，形式单一、简约，但却注重场地采光与安全性。广场上的卵石装饰、地面铺砖以及休憩长椅也都统一采用同一类型的花岗岩材质。地被植物也仅选用了常绿性英国长春藤和普通的草皮草进行栽植（图3-75）。

图3-75　景观的平面布局

在双子塔原来的位置上设计了庞大的瀑布，巨大的高差让瀑布景观更显壮观。以流水寓意时间流逝不复返，身处其中，现场瀑布的声响感染到访的每一个人，缅怀曾经的双子塔和遇难者，更深刻理解生命的宝贵。瀑布周边被树阵围绕，美国的国树橡树，营造出了这片城市中的森林景象（图3-76）。

图3-76　被树环绕的巨大瀑布

夜幕降临时，两束高能量的激光，射向深邃夜空，仿佛双子塔的重生，同时也是对遇难者的慰藉，内敛有力，细节惊人（图3-77）。

图3-77　两束高能量的激光

第 4 章

极简主义服装设计

Minimalist Design

极简主义服装设计针对装饰主义和享乐主义，主张"回归基本款"，即在设计中去除一切功能之外的多余东西，只保留最基本的服装要素，在20世纪90年代形成时尚潮流。极简主义对服装设计的影响具有革命性的意义。极简主义风格的服装几乎没有装饰，复杂花哨的图案和烦琐的首饰都被取消；款式造型尽量做减法；面料的使用也是尽量保留其本身所具备的美感，而不采用印花、刺绣、镶珠等工艺破坏整体；能用一颗扣子的时候就绝不用第二颗，能用一种颜色的就绝不配其他色彩。

4.1 极简主义服装品牌产生的因素

回顾极简主义风格服装品牌的演变，从20世纪20年代的香奈儿品牌开始就已经出现了追求简洁风格的特征，香奈儿品牌创始人Gabrielle Chanel（加布里埃·香奈儿）女士也曾极力倡导过活泼、简洁的服装设计理念。当时的社会经济推动了时装产业的发展，带动了社会对极简的追捧，标志着现代服装由繁到简的转变，简单宜穿的服装更加受到消费者的欢迎。20世纪50年代，建筑艺术上的极简主义风格特点突出，而当时的Christian Dior（克里斯汀·迪奥）品牌的"新风貌"设计追求弱化细节的理念正与极简主义风格的建筑设计有着异

图4-1　1967年巴黎世家婚纱

曲同工之妙。这一现象一直延续到20世纪60年代的Lanvin（浪凡）品牌和Pierre Cardin（皮尔·卡丹）品牌的服装设计产品。1967年Balenciaga（巴黎世家）品牌设计出一条只有三处风格的服装，成为极简主义风格服装的经典之作。在第二次世界大战以后，极简主义艺术对美国艺术产生了极大的影响，因此，简单且强调机能的服装设计风格在美国的时装界表现格外突出。20世纪80年代中期，许多极简主义风格服装品牌受到人们的关注，其中Donna Karan（唐纳·卡兰）和Calvin Klein（卡尔文·克雷恩）品牌成为美国服装设计界的中坚力量，作为极简主义风格服装的代表品牌，一直持续到今天。从某种意义上讲，这两个品牌都受到了极简主义先锋Zoran Ladicorbic（佐兰·拉迪乔

尔比奇）的影响，是以运动风格为灵感的极简主义风格服装。如图4-1所示为1967年巴黎世家品牌的婚纱。

极简主义风格服装兴盛于20世纪90年代，其设计极简而不简陋，因为它是精致的艺术；简洁而不简单，因为在它简洁的背后凝聚着设计师劳心费时的过程，极简主义风格的服装外表虽然简单，但在骨子里依然追求华美。Armani（阿玛尼）品牌融入了设计师Giorgio Armani（乔治·阿玛尼）反装饰性的设计理念，带动了米兰极简主义风格的浪潮。德国品牌Jil Sander（吉尔·桑达）堪称是极简主义风格的经典，设计师吉尔·桑达女士因极简的美和极简的线条而闻名。另外Gucci（古驰）和Prada（普拉达）品牌也有上佳的极简主义风格服装作品。如图4-2所示为吉尔·桑达2016—2017年秋冬女装系列。

21世纪的极简主义风格服装不再是引领时尚的主流，但与之前的许多品牌的作品相比，此时的极简主义风格服装更趋于多元化，融入了许多新的元素，色彩上不再拘泥于黑、白、灰色，明亮的颜色也出现在极简主义风格服装中，还有在面料的应用方面，许多设计运用了高科技面料，使得极简主义风格服装更加多样化发展。如图4-3所示为卡尔文·克莱恩2017年早春系列。

图4-2　吉尔·桑达
2016—2017年秋冬女装系列

图4-3　卡尔文·克莱恩
（Calvin Klein）2017年早春系列

本质上来看，影响极简主义风格服装品牌形成的因素与其他领域极简主义风格形成的因素相一致，这属于极简主义风格形成的共同因素，另外还有服装品牌自身的因素，主要由服装产品自身的特点所决定的。极简主义风格服装品牌产生的原因主要包括生活方式、环境意识、人体工学、商业价值。

4.1.1 生活方式

生活方式是极简主义风格服装品牌产生的市场导向，服装产品是人类生活的必需，服装的个性化设计可以辅助性地促使人们更多地重视自己的个人价值，改变人们生活方式的时尚潮流。这种生活方式的改变又可以反作用于人们对服装设计的思维。极简主义倡导的生活方式是保持对事物本质的追求，去除一些不必要的细节，这种简单的追求方式在服装方面有着明显的体现。在当代社会激烈的竞争中，人们长期处在快节奏、超负荷的状态中，复杂的环境促使人们更加渴望简单、纯净的生活氛围，减少周围复杂化所带来的焦躁心理。极简主义风格服装品牌从为消费者减压的角度出发，设计出适合这种生活方式的产品，很好地为消费者传达了极简主义的消费理念。既满足了人们的生活方式的要求，又促使了极简主义风格服装品牌的产生和发展。

4.1.2 环保意识

随着人类社会的发展，人们在服装的消费观念上从满足于基本的生活所需到对居于美好环境的向往，更多的居住者想要营造温馨、舒适、充满快乐的居住环境。然而日益突出的环境问题成为人们不得不去面对的现实考验，逐渐意识到环境问题的严重性，并且想要通过自己的行动来改变生活中的环境问题。因此，极简生活成为人们所倡导的一种健康的生活方式，这在倡导极简主义风格服装方面也起到了一定的影响。例如：设计师在选择服装面料上更多注重原材料的选择，做到不浪费资源、合理利用资源，更多地关注生态效益与消费者诉求的统一。因此，更多的消费者愿意为这种保护环境的行为买单，促使更多的极简主义风格服装品牌出现在大众的视野中。

4.1.3 人体工学

现代科学技术的发展使人类在满足基本生活所需的同时，开始有更多的条件来研究自己、了解自己。通过生命科学、材料科学等领域对人体工学的研究，其研究成果为服装设计方面提供了许多科学依据。极简主义风格服装品牌的产品在设计时就是以人体工学为科学依据的，由于服装是人体直接接触的产品，设计师在设计服装时更多地注重遵循人体工学的基本原理，不仅仅满足于款式、色彩、面料的变化，更加注重服装为消费者所提供的舒适性、实用性等一些高层次的要求，以提高人体和服装的整体统一。极简主义风格服装在设计过程中注重立体空间造型的设计，在设计时减少装饰品在服装中呈现的烦琐，力求保证人体的舒适，尤其在例如领口、袖口、膝关节等细节上特别注意，保证人体在穿着服装时不会有牵制感。正是这些科学的研究促使更多的极简主义风格服装品牌出现，积极为消费者提供更加科学的服装产品。

4.1.4　商业价值

服装作为引领时尚的一个重要元素，从其出现到被认知和流行再到衰退的整个过程都受到人们时刻的关注，因此追逐流行也成为人们在购买服装时的一个重要标准。然而快节奏生活的今天，人们在服装选择和搭配上总会消耗掉一定的精力和时间，过多的追求流行有时也会给人们带来一些疲倦，这时极简主义风格服装的出现为消费者解决了这方面的一些问题，由于极简主义风格服装的特点是尽量减少装饰，这就解决了人们在配饰上所消耗的精力；由于极简主义风格服装的款式大都简单大方，因此，这类服装广泛适合许多不同场合对服装的要求，使得人们不用过于担心衣着是否得体的问题等。极简主义风格服装品牌遵循人性化的设计和极简却不乏细节的商业理念受到了众多消费的青睐，使得极简主义风格的服装迅速流行开来，这代表了消费者对服装的一种新的态度，是当今时代的一种独特变化。许多商家正是看到了极简主义风格服装的这些内在规律和联系都具有有效的商业价值，将流行与市场相结合，使得越来越多极简主义风格服装品牌引领着世界的潮流。

4.2　极简主义服装品牌案例

4.2.1　国外极简主义风格服装品牌

极简主义风格的服装有"最常青"时尚的称号，从它的出现发展至今，许多品牌都极力地倡导着极简主义风格的时尚理念，从这些品牌的发展中我们可以看出极简主义对人们生活的影响。经典极简主义风格的代表品牌Jil Sander（吉尔·桑达）展示着个性和品位；Armani（阿玛尼）的品牌理念是保证高端产品的同时，在外观上坚持优雅大方的原则，既保持传统的保守理念，又融入现代人的精神追求；Calvin Klein（卡尔文·克莱恩）把品牌的极简主义完美地呈现出CK精神：要最纯、最时尚、最简约。

4.2.1.1　Armani（阿玛尼）

提到 Armani（阿玛尼）品牌，首先让人想到的就是"有节制的优雅"。阿玛尼先生喜欢用线条表达服装的感情，传达了一种人们着装的生活方式，代表了阶级与品位，他摒弃了20世纪60年代的嬉皮士潮流，让着装看起来时髦且舒适。

Armani（阿玛尼）品牌的服装精致、高贵、含蓄、时尚，充分展现了都市人的简洁、自信和优雅的个性，以致产品面世以来，广泛地被成功人士和都市时尚一族所认同。

Giorgio Armani（乔治·阿玛尼）先生曾在清华美院演讲时说："现在时尚圈很浮躁，很多设计很张扬，为了抓市场的目光和媒体的版面，反而忘了提醒自己，设计要以穿衣者的思维和生活需要为前提。"他的设计解放了传统男装的束缚，使女装推翻了性别的符号，与男士服装风格结合在一起，让女性也可以舒服地跷起二郎腿，这无疑是一种革命性的改变。因为力求简约，阿玛尼喜欢运用诸如黑色、米灰色、褐灰色等这样的无彩色系，采用不同的材质，简单的线条。这在力求与众不同和彰显个性的大环境下显得更加难能可贵。

极简主义风格是阿玛尼品牌的精髓，2004年阿玛尼先生来华，在一次采访中说："时髦应该是为人民服务的时尚，简单严谨的东西很接近我的天性。好的东西应该经得住时间的考验，而不应该是昙花一现"。他认为极简主义最难达成的也是最精妙之处就是其干净利落的剪裁，阿玛尼先生除了设计出来的服装具有这种风格，他本人平日里的穿着也是如此简单和简朴，不添加任何虚妄的装饰，还原面料本质，他在米兰的居所里，家具的装饰同样沿用简约的特点，印证了"少即是多"的至理名言。他想告诉我们的是简单的生活应该是我们崇尚的生活，时尚不一定必须要奢靡。

Armani（阿玛尼）品牌是一个看似简单又包涵无限的品牌，创造出富有审美情趣的男装、女装，追溯阿玛尼品牌多年来的设计历史，之所以能够在当今的市场一直处在顶尖地位，这与它近乎完美的平衡有关，是时尚与传统之间的完美结合。阿玛尼的品牌理念遵循着三大原则：一是注重舒适；二是去掉不必要的东西；三是华丽的即是简单的。这在如今的服装市场上可能不是最流行的，但却是永远不会落伍的。

乔治·阿玛尼（Giorgio Armani）2017年春夏系列女装秀沉浸在一片忧郁的蓝紫色中。

针织面料打造的短裤和透视薄纱质地的长裤都在中段选择蓬松隆起，这样异域文化十足的灯笼裤充满风情。提花针织的纹饰和堆积的图案混搭于服饰之间，看似热闹的款式实则充满蓝调精神，无约束的精神层次和孜孜不倦的财富物质追求（图4-4）。

如图4-5所示，多文化的融合在这一系列体现得淋漓尽致，不落俗套的流水线条也来堆积出不一样的像素纹饰。为了迎合这一不可多见的图案，裙装变得流畅并出现横置的暗纹。若说它们是格纹或是条纹就太过于现实主义，灰褐色、蓝色还让这耳目一新的图案保留精神的层面。

图4-4　异域风情的款式和印花

图4-5　流水曲线的像素技术纹理

乔治·阿玛尼（Giorgio Armani）引以为傲的正装设计这次在结构式的夹克上体现，面料的奢华配合未来时尚感的技术线条变得动感活泼，将这蓝调的忧郁淡化。灰褐色和红色，深蓝色搭配白色，这样的配色十分抢镜，但优雅的风格还是一成不变，这也就是专属于阿玛尼的正统魅力（图4-6）。

图4-6　迷情正装展现女士的优雅

4.2.1.2　Jil Sander（吉尔·桑达）

Jil Sander（吉尔·桑达）服装品牌于1973年创立于德国，由同名设计师吉尔·桑达女士创办，吉尔·桑达女士被美国《名利场》杂志称为是"极简主义女皇"，她受到包豪斯建筑学院派设计理念的影响，始终坚持着"无装饰"的设计风格，从来不为国际时装流行风潮所左右。

Jil Sander（吉尔·桑达）品牌理念传达了客观、冷静、理性、不矫饰的哲学思想，只保留了作品最基本的结构造型，对服装线条的热爱几乎达到了偏执的程度。在Jil Sander（吉尔·桑达）的时装发布会上，几乎看不到模特佩戴的任何装饰，做到一个服装品牌从内在和外在都符合了其品牌极简主义的设计风格。吉尔·桑达女士的设计理念虽然倡导的是追求极简，但是在使用面料和设计工艺方面却耗费很大，她是设计师中精于面料的高手，她设计的服装价值很大程度上体现在面料的本身，她认为对于一块优质的面料，过多的剪裁和装饰只会破坏面料的质感，分散人们对质优面料的感受，因此她的设计成本远远大于其他品牌。

自1973年Jil Sander首个女装系列发布至今，Jil Sander陆续推出了皮革系列、男装、配饰、包袋和香水等。三十几年的时间里，Jil Sander始终引领着简约风潮。摒弃一切多余的细节，舒适的穿着感和极简设计是Jil Sander的一贯追求。

钟爱Jil Sander（吉尔·桑达）服装的人会很自豪地说，这种毫不张扬的基本款式堪称百搭，并且一件衬衫都可以穿到留给自己的女儿，就像是LV的手袋有着传承价值一样，这可能就是Jil Sander（吉尔·桑达）的服装价格惊人的原因，常被称为是"奢侈的极简"。

简洁的廓形、纯粹的色彩，吉尔·桑德（Jil Sander）2017年秋冬时装秀再度以不变应万变。设计师施展减法功力，创造大胆形廓，同时营造了极具感染力的轻松惬意。宽肩的造型塑造出强大气场，似乎在本季中，一向低调优雅的Jil Sander女郎也要强势起来。石黑色、勃艮第红酒色、大地色等中性色彩开场，后期即使是鲜艳的柠檬黄色和正红色也因为流畅的廓形显得轻盈（图4-7）。

图4-7　吉尔·桑达2017年秋冬时装秀

4.2.1.3　Calvin Klein（卡尔文·克莱恩）

Calvin Klein品牌简称"CK"，由同名设计师卡尔文·克莱恩先生于1968年创立于美国，品牌旗下拥有"Calvin Klein Collection（高级时装）"、"CK Calvin Klein（高级成衣）"、"CKJ（牛仔）"三大品牌。

美国时尚是现代、极简、舒适、华丽、休闲又不失优雅气息，这也是"CK"的设计哲学。设计师卡尔文·克莱恩先生曾说："我会专注于美学——强调一种纯粹的简单，我总是尝试纯净、优雅、性感的东西，并努力做到风格统一，这是我的梦想"。因此，极简主义风格便成Calvin Klein（卡尔文·克莱恩）品牌在服装设计上的注册商标，其产品剪裁细致、干净，放弃对服装层次感和设计个性的追求，多用中性色调的布料来展示简洁利落的时尚风貌，成为当今新一代职业女性在服装选择中的首选品牌。

CK Jeans（Calvin Klein Jeans）是CK旗下的牛仔品牌。CK Jeans（Calvin Klein Jeans）设计风格简约，图案和色彩经常推陈出新，剪裁注重彰显线条美感，追求玲珑有致的效果。CK Jeans宣扬天真纯净的心灵，自信积极、充满活力和简约清新的感觉。众多不同的色彩、图案和布料质感，也为CK Jeans迷不断带来惊喜。

2003年CK品牌被世界著名的奢侈品集团PVH（Philips-Van Heusen）收购，现任设计师Francisco Costa（弗朗西斯科·科斯塔）接替卡尔文·克莱恩担任品牌的设计总监，卡尔文则退居幕后。弗朗西斯科·科斯塔的接手没有让忠于CK品牌的消费者失望，全新的作品依然秉承了卡尔文线条干净、造型内敛的设计风格，成功获得了时尚媒体和买家的肯定。

（1）Calvin Klein Jeans（牛仔系列）2015年秋冬广告大片　关键词：数字世界的诱惑。

Calvin Klein Jeans 2015秋冬广告大片，分享了来自世界各地的人们通过在网络上展开亲昵对话表达对爱情、欲望以及亲密关系的渴望（图4-8）。

（2）Calvin Klein Platinum（铂金系列）2016年秋冬几何图形系列　关键词：黑白组合的无限可能性。

Calvin Klein Platinum 2016年秋冬系列透过夸饰手法巧妙诠释90年代极简主义（图4-9）。

图4-8　Calvin Klein Jeans 2015年秋冬广告大片

图4-9　Calvin Klein Platinum 2016年秋冬几何图形系列

　　全新秋冬系列采用了大量的抽象线条图案元素，简约大方的同时也为经典的黑白组合带来无限的可能性。除此之外，纹理毛衣同样运用了抽象形状的元素，带来一种微妙的视觉假象。同时，西服外套上纤细的明线装饰，为正装打造出修身而挺拔的廓形。同样的明线设计也被体现在衬衣翻领及成套的长裤边缘。多种玩转几何线条及图形的手法皆展现了Calvin Klein Platinum不墨守成规且特立独行的风格。

（3）Calvin Klein Collection（高级时装系列）2017年早春度假系列　关键词：摩登现代主义的解构重塑。

Calvin Klein Collection 2017年早春度假系列重新诠释了品牌最不可或缺的元素，彻底解构并重组品牌DNA，充满现代感。从Calvin Klein Collection标志性的做工剪裁，工装外套及吊带裙汲取灵感，宽松且层次分明的廓形，灯笼袖或分叉袖的巧妙组合，以及宽松束带的高腰设计皆展现无限活力。

充满女性魅力的波点及微小的植物印花被描绘在奢华的丝绸、皮革、针织以及棉绸面料上。简单干净的色调为本季的主轴，颜色如云朵、细沙，琥珀以及杏色贯穿整个系列并缀以纯净的黑色及深灰色作为对比色强调此系列刚柔并济之美。每一套造型中皆搭配柔软Spazzolato皮革牛津鞋或踝靴，重点强调本季现代时髦却不失实用性的一大特点（图4-10）。

图4-10　Calvin Klein Collection 2017年早春度假系列

4.2.2　国内极简主义风格服装品牌

4.2.2.1　玛丝菲尔（Marisfrolg）

玛丝菲尔（Marisfrolg）是隶属于深圳玛丝菲尔时装股份有限公司的年轻时尚女装品牌，在不断发展中延续出意趣清新的格调，以明快丰富的色彩、趣味时髦的设计及极具创意的搭配与细节修饰，塑造青春活力的摩登形象。

玛丝菲尔（Marisfrolg）是服饰的态度诠释年轻女性自由、独立、勇敢、率性的生活姿态，为其创造专属的时尚生活格调，并与之一起在找寻自己的过程中激发出独特自信的美感。新意多样化的材质给予设计师无限的创作灵感，版型考究、工艺精致，独具新意的设计，将趣味元素与摩登线条完美融合，形成独树一帜的时装风格，迅速获得了众多年轻女性的喜爱。

自成立至今，玛丝菲尔（Marisfrolg）全国已有近200家分店，并持续以高速增长的方式遍布到全国各大高端商场。充满现代都会感的时尚设计，贯穿于时装、手袋、配饰、鞋履多个产品系列，以满足现代年轻消费群体更丰富的生活方式。

（1）MASFER.SU 2016年早秋系列　关键词：新生代文艺少女的时尚精神。

2016年MASFER.SU（玛丝菲尔旗下品牌）早秋系列打造多元化的文艺少女形象，不管是细节或是款式都带有新意。从拼接工艺到华丽刺绣到光泽面料到气质百褶到中性帅气的超长阔腿裤，我们从中能够轻易地捕捉到浓郁的浪漫复古气息，传递着新生代文艺少女的时尚精神（图4-11）。

图4-11　MASFER.SU 2016年早秋系列

（2）MASFER.SU 2017年秋冬时装秀　关键词：每一天的艺术。

MASFER.SU2017年秋冬系列呈现的是"每一天的艺术"。自由主义的飘带设计、解构拉链、超长的针织袖设计，牛仔廓形外套与皮质阔腿裤上下混搭，黑白条纹搭配色彩明亮的黄色包包，都展现着设计师对传统风格的叛逆与探索，也完美展现了年轻女孩的乖张叛逆、自由不羁。颈项、腰间、拉链、袖口处搭配的金属圆环也成为点睛之笔，这些大胆的设计，与走秀服饰搭配得相得益彰。整场秀都演绎了SU girl的活力、率性、自由，展现着年轻的力量（图4-12）。

图4-12　MASFER.SU 2017秋冬时装秀

4.2.2.2　AMII（艾米）

AMII（艾米）品牌具有开放的思维和独立风格的设计理念，创造简洁优雅的时尚品位。其服装低调内敛，散发着自由的艺术气质，强调服装面料的品质和服装的剪裁，以及简约的轮廓造型和精湛的细节处理，AMII（艾米）品牌的服装色彩趋于自然，抛弃过于花哨的配饰，追求服装简洁的艺术风格。

极简，虽不动声色，但其间蕴含的极纯粹美学，正如历经百余年却从不时过境迁的未来主义理想精神一样，以内在的力量重新定义着时装的内涵。时装世界瞬息之间即可变幻万千，但能经历住时间历练的，唯有化繁为简、成就经典的极简风尚。

AMII 2017年秋冬系列——平·衡。一进入秋冬月份，将会是温度磨合的时间，空气中充斥着躁动不安的分子。AMII2017年秋冬系列迎着满是碰撞氛围，全副力量打造刚柔平衡。

作为AMII一贯极简风格的精彩延续，AMII 2017年秋冬系列以黑白灰和大地色为主色之余，注入墨绿色、蓝色等生动活泼的色彩。

比起颜色，整体更多地加以相对严肃的轻柔切割和大气的版型，利用清晰利落的剪裁，结合巧妙的隐蔽细节让服装更有质感。

在这一季，身体与服装廓形的契合关系被反复强调，极简又经典的廓形没有丢失。箱形、鞘形、A形等等这些经典好用的廓形表现秋冬系列的"刚"，而"柔"的部分则希望表现出软而有弹性的流动性，所以尝试加入软箱形、窄长形，配以秋冬季节厚重感的面料丰盈质感，垂坠顺滑，以及精致的工艺让服装显得更为韧性（图4-13）。

图4-13　AMII 2017年秋冬系列——平·衡

第 5 章

极简主义平面设计

Minimalist Design

设计的根本目的，是让人们生活得更美好，就像海德格尔所言"人，诗意地栖居在大地上"。而达到一定境界的设计，就是要化繁为简，呈现本质，以设计解决问题，这是设计的精髓，也是极简主义的深层次精神需求。

平面设计在我们生活中有着广泛的影响，能够传播社会、商业和文化信息，让大众能够更深入地了解这些信息所传达的内涵。现代社会中冗杂繁复的视觉信息阻碍了我们对事物本质的认识，但当极简主义与平面设计交叉运用时，就可以整合复杂的信息，简化繁复的视觉，高效准确地传播信息。

极简主义平面设计通常使用单纯的色彩，简约的形象，去除不必要的东西，注重客观性，不刻意追求某种风格，画面处理极为简洁。信息含量虽然极少，但它能配合广告、商品宣传册等其他途径，准确、快速、恰当地传达出商品的基本信息，使消费者领略到"少就是多"的妙处。

5.1 极简主义平面设计的表现特征

5.1.1 字体设计——繁到简

形形色色的字体如今无处不在，它们出现于印刷品、网络甚至服装上，如果说我们生活的世界是一面墙，字体则可视为墙纸。设计者如果善用一两个单词，甚至一个字母于长篇黑白文字的平淡无奇间，这些单词或字母可以达到令人惊叹的效果，醒目的简约字体设计可以冲破常规的藩篱，使广告词及其载体文字成为艺术，观者也能面对大量文字，借助简约的字体设计对设计意图突然醒悟。正如罗伯特·菲罗斯特所言："只要看一眼，就明白是什么。"这就是简约字体的魅力所在。

5.1.1.1 字体本身的简洁

文字是一种特殊的视觉形象语言。文字的最初原型是用来记录事物的标准化图形，文字的演变和发展是人类社会发展的演变，在这个演变的过程中，文字自身附带了更多的自身之外的许多意义。文字具有三个方面的特征：

① 识别性，这是文字的基本特征。随意改变字形结构，就失去了文字存在的基础。

② 艺术性，从图形的角度看，文字就是笔形及其组合。

③ 语义性，通过对称、平衡、对比、节奏统一等方式生动而准确地表现文

字内容的精神和特征。

（1）象形表意文字

汉字是象形表意文字的代表，其发展经历了甲骨文、金文、蒙书、草书、楷书、行书、古今字、异体字、繁体字、简体字这样一个变化过程。

在形体上，字体最初是通过对自然界存在的物象的抽象化和图形化，逐渐由图形变为抽象的笔画、象形变为象征，是抽象的符号。具有视觉上的简约魅力。

如图5-1所示为汉字的简化过程。

图5-1　汉字的简化过程

在结构规律上，笔画的主次关系、上紧下松关系、疏密与重心关系、偏旁的比例关系都影响着字体的结构，汉字的点、横、竖、撇、捺、折等比划，各种偏旁部首，及其组合形式本身就具有了独特的形象魅力，通过对字体的排列组合，打散重构，组合成新的形象，让汉字自身的美感迸发出来，就能产生新的艺术魅力。汉字的美还体现在书法上，书法艺术总是通过点、线、结构、疏密、轻重、行笔的运势缓急来唤起人们的情趣，达成形式和意象的美感。书法自成一种艺术形式，与设计作品只要形成很好的融合关系总是能成就很好的作品。

如图5-2所示，中国美术学院的标志设计就是采用了中国的"国"字，去掉左右两竖，给人的第一感觉就是简洁、方正，具有强烈的现代感和中国独有的文字韵味在内，虽然去掉两边的竖，但是也可以看出"国"字，表达了"中国"的含义，再看这个标志，是"美"字上下的点笔画简化为两横，既代表了"国"又代表了"美"，正是中国美术学院的简称，同时也传达了"美是没有国界"的寓意。

图5-2　中国美术学院的标志设计

如图5-3所示，中国银行标志设计。中国银行是中国金融商界的代表，要求体现中国特色。设计者采用了中国古钱与"中"字为基本形，古钱图形是圆与形的框线设计，中间方孔，上下加垂直线，成为"中"字形状，寓意天方地圆，经济为本，标志整体中国古钱币的形象让人看到就知道这个公司是干什么的公司；立意准确、形象逼真，能准确表达出应该表达的意思，同时又不失形式上的美感，浑然天成。既体现了中华民族的特色带给人们古朴的感受，又由于图形元素的简化而具有了现代的气息，与其他的银行能很好地区分开来。显示出极强的中国文化特色。

图5-3　中国银行标志设计

如图5-4所示，靳埭强的设计作品。整个页面看过去，不难发现黝黑色墨迹组合而成一个"互"字。笔和墨描画出来的不是简单的绘画，也不一定是字，只不过是饱蘸墨液的毛笔在运走时表现出的优美轨迹，那些由黑色到灰色以至呈现奇妙的浓淡度。运行有序。"互"字上下还有隐隐两个人影。与中间的笔墨巧妙结合，传达出人与人之间的交流互助。

图5-4　提倡互动的海报

（2）字母文字

拉丁文字是字母文字的代表，是世界应用区域最广的文字形式。字母文字其笔形结构非常抽象与简洁，所有的字母都是方、圆、三角等几何形结构。字母在视觉形象中，没有独立的含义，通过一定的组合来传达信息，早期的这类文字从古希腊、古罗马、中世纪到工业革命前，发展都很缓慢，处于文字的探索阶段。到工业革命后西方就开始了对文字的重新认识和设计，形成了古罗马体、拉斯提克方体、安色尔体、特克斯体等，到18世纪柏多妮创造了现代体。18世纪印刷业发展后随着海报设计的兴起，平面设计风格的字体丰富起来，18世纪上半叶，随着设计运动的深入和包豪斯理论影响的扩大，文字的设计得到进一步的发展，形成了新的字体设计风格，出现了"无装饰线体"，具有现代设计造型简洁、富于视觉传达的特点，总的来说，它取消了字体设计中带有装饰意味的曲线，使字体设计有装饰性的头、脚处理简洁化，整个字体设计通过直线、规则的无装饰的曲线取得现代感，具有明显的现代风格。

在IBM企业形象的设计上，兰德没有采用图形语言，而是单单使用美国的
"国际商业机器公司"的英文缩写，更显得品质的精简，还便于记忆与传播，使
得IBM走进千家万户，做到无人不知，无人不晓，该设计方案一直沿用到今
天。这个标志设计的简洁明了，大方新颖，颜色上使用单色蓝色作为标准色，
不仅视觉冲击力强烈，还寓意了公司严谨、科学、前卫和充满活力的发展理念，
又传达了公司的性质，高科技行业的高端感，兰德将IBM的新标志延伸到有关
公司的物体上，通过高品质的创新、设计和服务，得到了人们的认可，成为公
众信任的计算机行业之一（图5-5）。

图5-5　IBM标志设计

5.1.1.2　图形化文字的极简魅力

（1）文字在图形中的创意构成

文字是信息的载体，可以传达思想表达感情，因此，广泛地应用于包装、
广告、标志、海报等领域，在平面设计中，字体设计已成为不可缺少的形象元
素，字体的设计超越了语言的范畴，它有自身的图形形象，信息的传达精准有
力。在中国，随着汉字字体的不断发展，形形色色的字体如今已无处不在，简
单的字体能够引起人们的注意，更有甚者直接将字的一部分去掉，造成错字旳
嫌疑，或进行大胆的尝试与创新，将字与图形进行排列组合，利用夸张、变现
等手法，从字体的大小、结构、色彩、空间等方面入手，体现简化字的视觉魅
力，让文字所产生的吸引力更加强烈。我们经常可以看到现在招贴作品、包装
作品、作品里利用文字通过意象、形声、形象化转化，增强字体设计的表现力，
使作品的主题直观趣味。

如图5-6所示，是朝鲜统一的招贴设计，这件设计作品就是从字的局部字
形与结构找到了共同突破点，将"朝""韩"二字有机结合，正看是"韩"，倒
看是"朝"，两字巧妙地重组，极富创意内涵。

图5-6 "朝鲜统一"招贴设计

（2）文字与图案结合

　　文字作为图案的一部分也常常跟图案结合，常常用到的手法就是将文字
与图案置换，将文字的个性化意象表现和内涵特质通过视觉形象化的处理手
法，将作品的设计思想融入其中，来达成或加强文字所传达的内涵。文字的图
形化随着电脑科技的发展，不仅仅停留在字体的形态变化方面，通过电脑艺术
的处理，赋予文字想要的造型、机理、色彩、构成、材料以及装饰处理等，得
到更多更好的表现。设计大师凯勒先生曾经说过："字体应该是图形要素，字
体图形就是形式与内容的高度统一"。文字自身的语言之外平面设计里常常将
其自身形式变化赋予它各种风格特征，一般来说，通过对文字的组合变形，使
其图形化可以使文字产生端庄秀丽、坚固挺拔、深沉厚重、欢快轻盈，等等各
种个性。来丰富文字的形象，是作品主题更统一突出。文字的图形化还表现为
将文字的块面化，尤其是段落文字，将文字看成是一条线，一个点，或者一个
面，把零散的文字收编，把散漫的文字紧密排列、把拖尾的文字排列整齐，形
成一个整体的图形。如图5-7所示，杀虫剂的广告设计，将字母与昆虫的图形
完美的结合，字母作为一个面充当昆虫的躯体，让人直观地感受到广告的主题
思想。

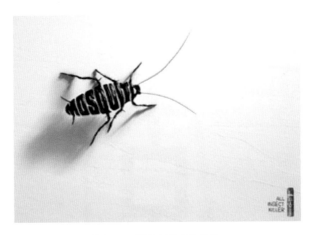

图5-7　杀虫剂的广告设计

（3）文字图形化的形简意足

文字固有的表现涵义已不能满足受众者的需求，而文字图形化平面视觉设计在消费受众的心目中备受青睐，文字的图形化设计既有文字的阅读功能，也强调了文字图形化语言的视觉冲击力，通过对文字重组、解构、置换等手法让文字在图形中更赋予故事性和幽默感，在招贴设计、广告设计中更好地表达意图，也让人们能够更深地理解其中涵义。

5.1.2　图形语言——少即是多

图形在极简主义风格设计中是一把利器，是认知世界的基础也是设计画面中最基本的构成要素，作为一种古老的沟通方式，经久不衰，图形是人们对于事物的视觉形象的一个提炼产物，在现在信息纷繁复杂的社会，快餐式文化的特性越来越凸显，图形语言更能快速高效地传达设计所要传达的信息，能给人单纯、简洁、明了、直观感受的图形语言，还能超越语言障碍，直接与人认识事物的关系相连接，简单的图形可以是一个场景的视觉形象的浓缩，在一定的文化氛围中它承载的信息量可以是非常巨大的。

在平面设计中图形的质量直接影响作品整体的品质感和构成效果，它对作品内涵的表达有着举足轻重的作用。有些图形看起来逼真、层次丰富、包容万象，但仔细看我们不知道他要表达什么内容，然而有些图形虽然形式简单，却有自己的性格，给人很强的视觉感受，能更直观地表达创作内涵和作品需要表达的主题。形成这些感觉的根源究竟在哪里呢？首先我们来看看人是如何通过视觉来认知世界的。

5.1.2.1 简化的视觉心理需求

人常说："眼见为实，耳听为虚。"人类接受到的百分之八十的信息来自于视觉。人感知图像的重要方面是处理静态场景中的形状识别，通过对图像的处理归纳得到一个简化了的图形来认识这个新的形态。这其中主要手法有：

① 对图像轮廓的抓取来获得形状，从物体的明暗关系来得到物体的形态；

② 从物体的肌理、纹理中来获取物体特征；

③ 从表面的抽象几何形态来认识物体。

当人眼在观察局部图像时，先看到局部的点，当看到图像的范围逐渐变大之后，点在人的脑子里就逐渐形成了有一定意义的几何图形，然后在这个几何图形的基础上，通过边缘点的多点连接，并辅以相应的纹理明暗关系，来确立图像的整体形态。

也就是说人认识事物的过程就是一个将事物简化的过程，通过这个过程我们保存一个简单的形态做定义，然后在需要使用的时候直接调用。而极简主义设计中的图形元素正是将一个个复杂的图形简化，去除能产生视觉干扰的因素，将作者想要表达的深层次内涵通过图形的风格、样式、简化方式、个性化来传达一个作者的深层次情感。这种方式直接而印象深刻。

5.1.2.2 "简又不简"的图形语言

设计元素的简单，并不意味着内容的匮乏，就是用最简单的图形元素表达设计内涵，简单明确的艺术图形是要经过对素材不断斟酌、反复对敲的过程，保留精华，去掉多余，整合众多的元素达到不可再多、也不可再少之时，就是形成简单而又有内容的视觉图形成熟之际。一个自身没有任何意义的红色的点，是简单的，但在设计大师靳埭强的笔下却能使它成为设计中一个具有精神内涵的重要视觉元素，同时产生无限的联系和不同寻常的深刻内容，起到画龙点睛的作用。但它放在作品中和其他元素相互联系、相互影响时，就能让人产生与作品的互动，让人对作品产生无限的遐想和表达非同寻常的作品主题。红点代表了艺术家、艺术家与周围元素的深层次反映，这是一种艺术家心灵反映在物上的寄托，是心灵和艺术家的交流，是艺术家与人、与社会、与自然的心灵交合点。

如图5-8所示，靳先生作品《爱护自然》的海报设计中，石块是自然的化身，宣纸摇身一变成了生活中常见的纱布，靳先生的红点在这里暗示着生态自然所受的伤害，给人以警醒，这颗红点又蕴含了人类良知的深层含义，审视自我，思考人与自然的关系，以提醒人保护环境和自然。他说："红点是我在八十年代开始衍生的一个视觉元素，也是精神元素，它可以融汇我的设计意念，有生命地传递着丰富的信息。"

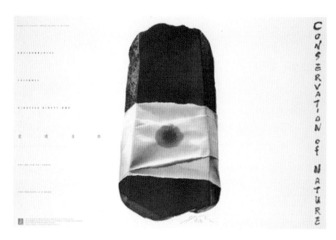

图5-8　靳埭强《爱护自然》的海报设计

发现和理解图形背后蕴含的含义，对一个优秀的设计师来说尤为重要，图形的简化可以通过图像的抽象化、图像的精简、图形意图的提炼来完成。要做到图形的简而不空，通过疏密和版式的安排才能达成一个完整的视觉形象。这个形象既是承载信息的载体，也是作品中美的组成部分。

5.1.2.3　极简图形的形式美

什么是形式美？广义地说，它是客观事物外观形式的美，狭义地说，它是大量具体美的形式提炼、概括出来的抽象形式所具有的美。它是相对独立的外部形式诸多因素的组合构成的形式之美。平面设计属于瞬间艺术，好的平面设计就要做到既要让人一目了然，还要做到让人一见倾心，为它所吸引，留下较深的印象。

一个成功的平面设计作品以新奇的构思、个性而完美的图形表现给人以强烈的吸引力，留下难以忘却的深刻印象。其作品在形式上也体现一定的节奏和韵律、对比和统一。例如M&M豆的广告设计，直接选用M豆的图形，将不同颜色的M豆组合在一起，做成一个键盘的形状，在颜色上变化又统一，整个画面既有连续的节奏，又有变化的韵律。不仅突出产品，也表达了只要沟通才会更能感受到M豆的香甜（图5-9）。

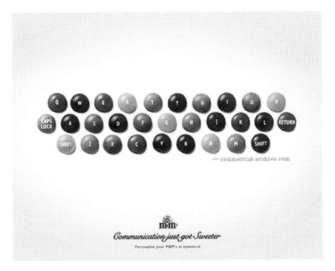

图5-9　M&M豆广告设计

5.1.3　极简色彩

　　色彩是视觉元素中最重要的部分之一，色彩本身是没有灵魂的，它只是一种自然现象，每一种色彩都有一种心理暗示，这种联想会勾起我们对一些事情的回味。所以颜色本身就带有了它的感情，它唤起欣赏者心灵深处无限的遐想，正因为色彩有这么深的自身属性，也就造就了色彩在设计作品中能带给人对作品的第一感觉。一个作品想要带给人很强的感情波动效果，色彩的运用显得尤为重要。

　　简约色彩是极简主义平面设计中最常运用的构成元素之一，无论是标志设计、海报设计、招贴设计中都离不开简约的色彩，简约的色彩越来越多地被设计师们使用，所谓简约的色彩，即是采用黑色、白色或者一种或两种单一的色彩进行搭配组合，或是相近色和对比色等色彩关系，塑造更集中、更强烈、更单纯的作品，在视觉上给人以强烈的视觉冲击，从中感受到情感的变化。达成以一当十，用简洁产生高雅的效果。

　　我们生存在现代快节奏的生活环境中，大千世界的万般色彩中，色彩是带给人整个作品的第一感觉。所以简约色彩越来越被人们重视和采用。

5.1.3.1　经典既是永恒——黑、白

　　说到色彩不得不提黑白这两个极致的色彩，老子说过：五色使人盲。在纷

繁复杂的颜色冲击和干扰中，由于色彩繁多，造成了颜色没有主体，而削弱了设计信息的选择性干扰了信息的表达。所以黑白语言的运用就简化了色彩的空间，让色彩的穿透力更强。

黑白两色是色彩的极致抽象，它有其独特抽象魅力和色彩神秘感，能达到任何色彩所不能达到的深度。中国的太极选用黑白两色，就是反转图形的典型代表，阴阳两极相互生长，生生不息。通过图形形式的变换造就了生出世间万物的太极形态。我们都知道穿黑色衣服的人会显得比较苗条，这是因为色彩的距离感的不同，明度高的色彩和温暖的色彩看上去是向外扩张的，而冷色的、颜色较深的色彩看上去是向内收缩的，颜色的这种特性在空间里常用来造就空间感和组织画面的视觉流程。歌德曾经说过一个黑色的物体看上去比一个同样的白色物体小些，并且他将这个小的范围看作五分之一。通过黑白的这些固有属性，以及心理属性，在大师的手笔下已经产生了很多精妙绝伦的极简风格设计。给观者留下了深刻的记忆。

在现代社会日益发展的前提下，人们对黑、白的重视程度也在随之增加。平面设计师们也都在不断探索和利用黑白色来丰富自己的作品。黑白色主要用于文字和图形上，受众从黑白色中审美意识得到满足，审美思维得到广阔的空间，可以更深入地感受到设计作品的内涵。如图5-10所示，是一款名片设计，视觉上简洁大方，颜色也仅仅用黑白色，给人感觉有品位、有层次，在使用的过程中也让人觉得有身份、有地位，给客户带来信任感，所以黑白色激发了受众无限的想象，准确地传达了信息。黑白极致的简约美是永恒的，是不会淘汰的主题，当代平面设计就是追寻这种"少即是多"的情感表现。

图5-10 极简名片设计

如图5-11所示为苹果公司产品的广告设计，三幅图分别是从吉他、萨克斯、钢琴的具象图形一步步地简化而来，并截取图形的最有特点的一部分，能让人产生完整联想，又具有形式美感，在色彩上采用黑、白色，对比色让图形更具视觉冲击力。

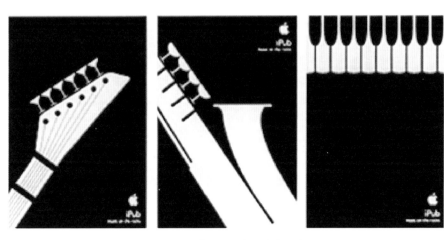

图5-11　苹果公司产品广告设计

5.1.3.2　色彩关系——"君子之交淡如水"

平面设计的色彩关系不受光源色、固有色以及环境色的约束，具有象征性、浪漫性和随机性，也具有概括简练、赋予想象等特点，注重概括、提炼、归纳、集中、夸张、变化等方法，它以主观情感为出发点先考虑整体的色彩关系，再考虑细部的描绘，其目的在于尽可能使主题形象鲜明夺目。

平面设计的色彩关系并不是越多越好，如果色彩用得过多，反而会削弱它的宣传力量，造成画面的杂乱，使观者视觉疲劳，产生烦躁心理。有经验的设计师往往运用较少的色彩对比关系去获得最佳的色彩效果，在色彩搭配上力求简洁概括，色彩对比上以少胜多，以巧妙、合理的色彩组合关系将作品的意念和包含的信息，在瞬间传递给广大观者，唤起观者视觉的兴奋点并留下深刻印象，平面设计中不同的色彩关系可以形成不同的色彩对比效果，给人以不同的心理感受和情感。

（1）色相对比　色彩关系中色相的对比会使得设计作品效果鲜明，对比强烈和活跃，可以突出主题，留下深刻印象。在标志设计中将会选用鲜明的颜色，颜色识别度高就会让人记忆深刻。如日本著名的休闲品牌优衣库，它的品牌理念就是简约自然，在标志的设计上采用鲜艳的红底搭配白色的英文字母，在红色的背景中简洁的"UNIQLO"字体越发显得鲜明活泼，赋有生命力，给人的视觉带来很强的冲击感（图5-12）。

图5-12　日本优衣库标志设计

（2）明度对比　明度对比不仅指无色彩系的黑、白、灰，它更多地存在于有彩色系中。任何颜色都只有在它原有明度的基础上，才能发挥出最佳的效果，例如维利藻爵士乐队设计的海报，采用明度极高的绿色、黄色、蓝色、红色和黑色，浓烈的色彩对比强烈，充满激情，予观者以强烈的震撼（图5-13）。

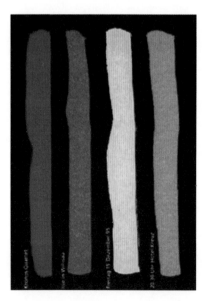

图5-13　维利藻爵士乐队海报设计

（3）冷暖对比　色彩冷暖给人不同的质感，暖色调给人感觉柔和、柔软，而冷色调则给人坚实、强硬的质感，冷暖色调在同一画面中的对比，能产生强烈的张力，在矛盾中催生更具冲击力的视觉效果，往往更具说服力的效果。保时捷的海报设计，就采用大面积的蓝色和飞镖上的红色做对比，画面具有很强的视觉效果，更突显了红色飞镖的速度感（图5-14）。

（4）补色对比　补色能够获得高对比度，从某种意义上讲，补色之间的关系就像平衡装置的两端，双方都以同等的力度控制着对方，从而提供心理上的平衡感。著名的奥地利精神分析心理学家弗洛伊德曾经发人深省地说："我们被造成这样只能从对比中获得极大的享受。"

其内涵的本质意义，在于他给艺术家揭示出对比就是人的生命需要。村上春树著名的小说《挪威的森林》被制作成电影，其海报设计就是采用红色与绿色的互补，有很强的视觉效果（图5-15）。

图5-14　保时捷的海报设计

（5）单纯、简洁的色彩设计　单纯、简洁的色彩设计一直被认为是高品位、高层次的设计手法，单纯色彩传达了更清晰、更准确、更集中的概念。一方面，它突出了图形的效果，起到辅助图形的作用，强调了图形创意的完整与力度，另一方面，单纯色彩的应用又带有一种近似于黑白摄影的味道，传达了一种厚重、深邃的视觉感受。

世界自然基金会（WWF）以大熊猫作为标志。1961年，大熊猫"熙熙"到英国伦敦动物园借展，造成万人空巷的场面。WWF认识到一个具有影响力的组织标志可以克服所有语言上的障碍，于是一致赞同将大熊猫动人的形象作为该组织的象征。从此，可爱的大熊猫便成为全球自然保护运动的一个偶像性标志（图5-16）。

图5-15　电影《挪威的森林》海报设计

　　世界自然基金会的招贴设计中单单采用绿色的树叶作为一点，勾勒出熊猫的轮廓，画面简洁明了，主题明确。所以许多平面设计大师在设计自己经典海报的时候，经常采用单纯色彩作为色彩的应用模式（图5-17）。

图5-16　世界自然基金会标志设计　　　　　图5-17　世界自然基金会招贴设计

5.1.4　版式——错落有致

　　版式设计是赋予作品完美形式的重要环节，要对文字、图形以及色彩等要素予以必要的关系排布，让构成元素在一定的比例下和谐排布在同一个版面上，相辅相成，构成有机的活力组合，使整个画面的感染力更强，从而传达出正确明快的信息。版式设计的质量直接影响设计的品质和视觉效果。对设计意义的表达起到了举足轻重的作用。平面设计中海报、招贴在视觉上最大特征就是简洁明了，特别强调利用简明的形式，清晰的语言进行创意，反之，多则感，眼睛品尝得过多，反而会迷惑，坚持"更少为了更多"的理念，使版式简洁易于传达，只有简明有序的形式，才能有效地传达信息。

　　（1）点、线、面的构成

　　点、线、面是构成画面的最基本元素，画面里的任何图形或者文字，都可以看成是点、线或者面，它们的巧妙组合就能给人带来良好的视觉感受。将文字图形归类到一定的点、线或是面，将这些元素通过个性化的设计和编排，通过大小的区分，形式上的统一对比，通过对点的相邻、相聚、密集或者重叠等安排，对线交叉、密集、重叠、加粗，将有序的排列手法巧妙地运用就能得到很好的画面形式感。极简主义的点、线、面，通过各种设计手段将设计信息处理得主次分明，主体形象突出，把信息的等级关系恰当而清晰连贯地表现出来。

当一个版式用极少的结构特征把复杂的语言有秩序地排列成一个整体时，这个版式就做到了简洁美观。

（2）"空白不空"的留白手法

版式语言的精简可以通过留白手法来实现，留白在中西艺术中都是一个重要的手段。张大千曾经说过："疏可跑马，密不透风。"留空白之处在设计中有"透口气"的效果，给人一种不紧不慢的放松感，通过画面中的空白衬托画面主体，把视觉中心引导到画面最有吸引力的地方。留白在一些作品中也是画面情景的一部分，给人宁静深邃而博大的感受，缓和了视觉的紧张感，增强审美意境。

在简洁的版式设计中空白能够将文字、图形和色彩等元素相结合，形成了疏密、虚实等对比关系，进而烘托了主题，可以让受众从中感受到轻松、自然的美感。空白效果还包涵了更深层次的内涵，就是"以少胜多"。虽然元素少，却能流露出一种品位、一种格调。"空白"以其鲜明的艺术个性，在当今诸多设计理念和观点中，逐渐成为简约版式设计中的新宠儿。在平面设计中，保持主题的需要，巧妙地留出部分空白，观众的思绪会随之产生无尽的想象空间，对设计作品也是一种意境上的升华。

空白又是一种含蓄。含蓄是趣味、是艺术、是美。空白的意义就在于在平面设计中展现主题的含蓄，如果太直接，则会趣味全无，只有留出空白，才能让观众体会到含蓄中的趣味。遥控汽车发动装置海报是大量使用白底的代表之作，它给我们讲述了一个很好的故事，空空的版面给我们一个广阔的空间去说明这款发动装置的可控范围。所以极简的版式设计中，画面虽然是空白，但是实际是不空，空白增添了无限的想象，包涵了内在的深远寓意。因此，在平面设计中我们绝对不能忽视留白的重要作用。如图5-18所示，遥控汽车发动装置海报。

图5-18　遥控汽车发动装置海报

5.2 海报

海报是人们极为常见的一种招贴形式，多用于电影、戏剧、比赛、文艺演出等活动。海报中通常要写清楚活动的性质，活动的主办单位、时间、地点等内容。海报的语言要求简明扼要，形式要做到新颖美观。

在今天的广告市场上，创作独特简单的极简海报对于设计师来说是一件费力的事情。极简海报在形式上非常有趣，并且展示的内容在传递产品或商业信息中非常重要。虽然极简海报看起来就只有一点点的符号和文字，但在设计时，设计师必须富有充分的想象力、创造力和洞察力。

案例1　法国Outmane Amahou极简主义艺术流派海报

法国平面设计师Outmane Amahou创作的"Minimalist Art Movement Posters"（极简主义艺术流派海报），通过简洁且具有代表性的标识呈现出各种艺术流派的特征与精髓。

（1）抽象表现主义（Abstract Art）

初次出现是在20世纪20年代，抽象表现主义在欧洲的说法是"无形式主义"，又称作纽约画派，第二次世界大战之后盛行二十年，以纽约为中心的艺术活动，一般被认为是一种透过形状和颜色以主观方式来表达，而非直接描绘自然世界的艺术。该流派代表艺术家如荷兰艺术家蒙德里安（图5-19）。

（2）机动艺术（Kinetic Art）

又称动态艺术，打破形式上的分类，把雕塑跟绘画结合在一起，利用重力平衡等让作品不停地自体运动，让作品本身变成活的，60年代艺术家更把这种艺术推向前所未有的程度，把机器的动力加进艺术品中，甚至对声音、光、液体等加以运用。该流派代表艺术家如亚历山大.柯尔达（Alexander Calder）（图5-20）。

（3）未来派（Futurism）

起源于20世纪初的意大利，未来派强调要表现出速度和动感，甚至现代生活的"动荡"感觉。他们的作品在画布上表现出运动、速度和变化等过程，因此他们的形象是重复的、重叠的，以模仿影片的方式，表示运动中的概念。为了在平面上画出运动与速度，他们根据视网膜的残像理论，在同一画面上将持

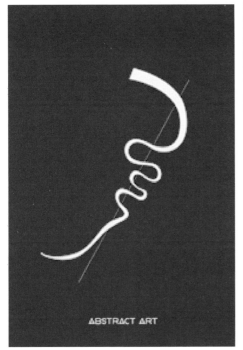

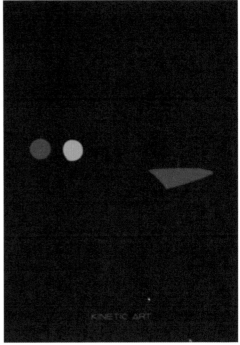

图5-19　抽象表现主义　　　　　　　　　图5-20　机动艺术

续运动的对象与各瞬间的形态层层相叠描绘，使得看起来有如连续动作一般，并以线条强调移动的方向。未来派虽然只有短短五六年，但是其观念影响了之后的达达主义（图5-21）。

（4）欧普艺术（OP Art）

又叫做"视幻艺术"或"光效应艺术"，这些作品的内容通常是线条、形状、色彩的周期组合或特殊排列。艺术家利用垂直线、水平线、曲线的交错，以及圆形、弧形、矩形，等等形状的并置，引起观赏者的视觉错觉，平面的图案出现了立体感或是不寻常的变形，静止的画面产生了颤抖、旋转等运动性的效果（图5-22）。

（5）文艺复兴（Renaissance）

文艺复兴在意大利语中是由"重新""出生"构成，是发生在14—17世纪的文化运动，它大大地影响后面的艺术风格，该流派著名的艺术家如"李奥纳多达文西""米开朗基罗"等（图5-23）。

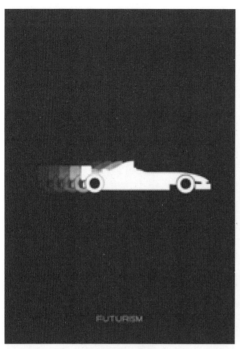

图5-21 未来派

图5-22 欧普艺术

图5-23 文艺复兴

（6）荷兰风格派（De Stijl）

也叫做新造型主义，该流派非常喜欢使用几何形体，只使用黄、蓝、红三原色和黑、白两色，主张抽象和纯朴，这流派中最有名的艺术家就是先前提过的蒙德里安，他在1920年出版的一本《新造型主义（Neo-Plasticism）宣言》，可说是极简风的先驱（图5-24）。

（7）后印象派（Post-Impressionism）

该流派是印象派发展而来的一种油画流派，最知名的艺术家如"塞尚""凡高""高更"等（图5-25）。

图5-24　荷兰风格派运动　　　　　　　　图5-25　后印象派

（8）达达主义（Dadaism）

达达主义是西方文艺发展历程中影响相当大的一个流派，颠覆、摧毁了旧有的社会和文化产物，该主义者认为达达并不是一种艺术，而是一种"反艺术"，就是与现行的标准唱反调，当然也不会顾及所谓的"美学成分"，最知名的当然就是杜尚的作品《泉》（图5-26）。

（9）表现主义（Expressionism）

表现主义是艺术家通过作品着重表现内心的情感，而忽视对描写对象形式的摹写，因此往往表现为对现实扭曲和抽象化（图5-27）。这个做法尤其用来表达恐惧的情感，欢快的表现主义作品很少见。

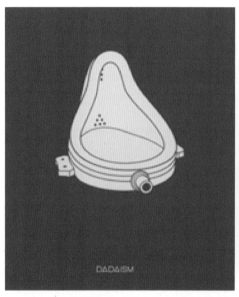

图5-26　达达主义

图5-27　表现主义

（10）野兽派（Fauvism）

野兽派是将凡·高、高更等大胆涂色技巧推向极致的一种风格，不讲究透视明暗，也放弃远近比例，采用平面画构图，该流派最知名的艺术家如法国画家亨利·马蒂斯（Henri Matisse），如图5-28所示。

（11）立体主义（Cubism）

该主义的艺术家追求破裂、解析、重新组合的形式，构成分离的画面，从同一个角度却可以看得到所有面、背景和画面交互穿插，让立体主义的画面创造出一个二度空间的绘画特色。该流派最出名的艺术家为"毕加索"（图5-29）。

（12）新写实主义（Neorealism）

顾名思义，该主义力倡艺术必须回归到现实的世界，忠实地纪录现实，而电影的部分则是强调纯净简单的"真实性"，不走浪漫风，也因为出现在战争过后，所以在呈现上更是讲求客观、不造假的真实（图5-30）。

图5-28 野兽派

图5-29 立体主义

图5-30 新写实主义

案例2　百度2017年海外校招GIF海报

　　一直以来，程序员总有着让人匪夷所思的清奇脑回路及超乎常人的审美要求。因而，对品牌主来说，要吸引有志成长为相关研发领域高级工程师的青年人群，着实是挑战。

　　配合"百度2017年海外校招"的开启，百度甩出了四张与往日清新校园风截然不同的科技风GIF海报，以"The Next Era is Up to You（下一幕，等你开启）"为主题，用"触碰""对话""预见"及"启航"四个核心动作为概念，暗喻人与互联网下一幕——人工智能的接轨（图5-31～图5-34）。

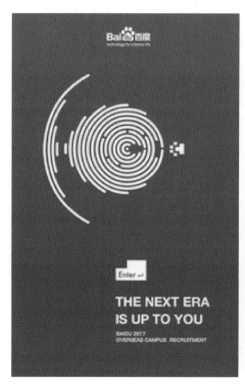

图5-31　触碰下一幕：探索
技术迷宫，在AI世界触碰新知

图5-32　对话下一幕：AI之城的
乐章，在人机对话中谱写

　　据说，这组海报曾让创意工作人员一度"难产"，为此，他们曾找AI研发部门的技术人员聊了三天。那么艺术性的创作是如何诠释程序员脑洞呢？

　　（1）极简主义——程序员的单细胞思维

　　海报采用单色，遵循了"Less is More（少即是多）"的国际化设计原则，

图5-33 预见下一幕：宽广的
眼界，是开启AI之门的密钥

图5-34 启航下一幕：进化的指针
从未停歇，AI演绎新的文明

也契合了程序员们"Yes or No（是或不是）"的单细胞思维。

构图上，主元素、副图标、标语与校招信息组成了一张完整的图，依赖于同一个想法和主元素，化繁为简，又从最简单的形式获得了丰富的内涵；文案上，没有解释性文字，反而让受众的精力更集中。

此外，留白这一工具也得以应用。画面主副部分均留存大面积空白，看起来更干净，也更有"呼吸"感。每个元素欲言又止，使得空白在美学之外又增添了功能性——为广告的关键信息创造内涵：未来的人工智能世界究竟是怎样的呢？没人说得透，等待受众评析想象。

（2）创建视觉隐喻关系——程序员的建模思维

拆解目标需求，通过这些构建一个无懈可击的模型，再编写代码，或许是程序员的惯常方式。同理，在这样理性观念主导的作品中，选择元素、寻找关联，展示模型意图成为新路径。

谈到人工智能技术，便是语音识别、图像识别、自然语言处理、用户画像等这些抽象的名词，在脱离复杂的场景后，如何运用形象化的图形展示真正的内涵，又让受众一目了然，是难点也是爆点。

隐喻首当其冲：指纹与迷宫、声波与城市轮廓、眼镜与钥匙、耳洞与钥匙孔、时钟与进化，等等，将本无直接关联的二者以形似或意近的关联叠合在一起，将抽象的意图巧妙转化为常见的图示，而又不失意蕴。

好的设计讲求细节，比如负空间，是对图像或主要焦点之外的空白部分或区域的巧妙运用。"对话下一幕"这张海报的正下方是一个常见的语音图标，但细看又有些不同——中间橙红色部分是话筒，而两边对称的留白则形成一组面对面的人侧脸，嘴巴微张，意即"对话"（图5-35）。

再如"引导线"技巧——用线条或箭头指向某些特定的方向和物体来阐释，并引导受众的视线。由于图5-36的重点在右半部和左下角，受众的视线一般先到达这两处，而忽视了面积极小的机器人元素，但这又是海报的核心信息（机器人象征人工智能时代），通过指针的引导，让视线上移，由此突出核心元素（图5-36）。

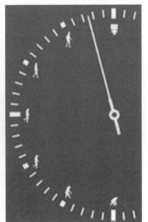

图5-35　语音图标　　　　图5-36　零点计时

（3）无声的互动与呼吁——给目标受众以参与感

贴合呼吁性的标语："The Next Era is Up to You"，每张图都有个类似"触发按钮"的小图标：Enter键、语音话筒、打开的门和零点计时，以及主画面上钥匙状的眼镜、迷宫样的指纹等，这些互动元素让受众成为画面主导者，被视为开启人工智能新纪元的主角。

互动元素的选定也与程序员的日常相连。Enter键——编程中使用频率最高的按键，语音话筒——语音识别技术的高度象征，眼镜——程序员因长久盯着电脑或多近视，零点计时——程序员"0"而非"1"的起始思维……

这些都应和了本次校招的核心洞察：AI（人工智能）和人才。AI是对社会趋势的前景预判，被认为是互联网的下一幕，也是百度目前的着力点；而人才，尤其是与AI相契合的技术型创新青年人才，是下一幕的引领者，也是这组海报的真正受众。程序员是其中的一组代表，他们的目光与脑洞架起了百度与AI和人才之间的桥梁，帮助设计者去了解技术，洞悉人才心理。那么下一幕如何？留待他们去想象、挖掘和创造。

案例3　澳大利亚Nick Barclay伦敦地铁海报设计

澳大利亚的平面设计师尼克·巴克利（Nick Barclay），奉行极简主义，他大部分设计作品都可以形容为极简，只用最简单的颜色、几何图形和线条来表达含义。

如图3-37所示为伦敦地铁设计的11张海报，海报风格极为简洁，但是颜色鲜艳，信息很丰富。每幅海报上是一条地铁线路，颜色对应该线路在地铁系统中的颜色，并且附上与之有关的事实。

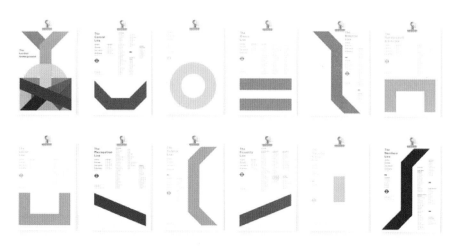

图5-37　伦敦地铁海报

从一张海报中你会知道线路形状是怎样的，你会了解到这一站开通的时间，有多少站，具体是哪些站，过去有哪些站，线路的长度以及承载的人数。

如图5-38所示这套作品，是他为几个知名城市设计的海报，他将这些城市给人的印象拆解成一些简单的形状，并予以这个城市特征的色彩。在极简的拼凑中，就足以让人识别出与城市相关的元素。

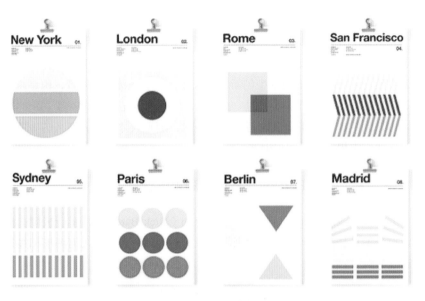

图5-38　城市海报

案例4　西班牙设计工作室Atipo电影海报

如果一张电影海报上没有任何文字和图案，你还能认出这是哪一部电影吗？

西班牙设计工作室Atipo设计了这样一组极简风格的海报，大多是人们耳熟能详的经典电影。海报的创意独到之处在于，上面并没有任何文字，也没有图片，所有的内容都通过海报本身的材质——纸，表现出来。奇妙的是，这些海报不仅精准地抓住了电影的精髓，同时也将纸张的艺术展现得淋漓尽致。

（1）《大白鲨》

如图5-39所示，象征海洋的蓝色纸张，右下角的撕痕像鲨鱼的尖牙。

（2）《异形》

如图5-40所示，让人感觉外星怪物已经破腹而出了……

（3）《科学怪人》

如图5-41所示，残肢被科学家缝在一起，像弗兰肯斯坦的人体实验。

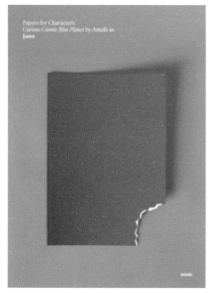

图5-39 《大白鲨》 图5-40 《异形》

（4）《本杰明·巴顿奇事》

如图5-42所示，纸张由充满褶皱到逐渐平滑，就好像本杰明·巴顿返老还童的一生。

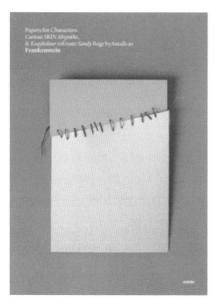

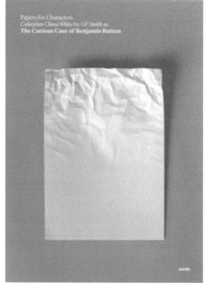

图5-41 《科学怪人》 图5-42 《本杰明·巴顿奇事》

（5）《惊情四百年》

如图4-43所示，血的颜色加上两个齿洞，吸血鬼的特点简明清晰。

（6）《剪刀手爱德华》

如图4-44所示，苍白肤色上的抓痕。爱德华痛苦地发现，他连自己的爱人都不能拥抱。

图4-43 《惊情四百年》　　　　　　图4-44 《剪刀手爱德华》

5.3 广告

在现代，广告被认为是运用媒体而非口头形式传递的具有目的性信息的一种形式，它旨在唤起人们对商品的需求并对生产或销售这些商品的企业产生了解和好感，告之提供某种非营利目的的服务以及阐述某种意义和见解等。

平面广告因为传达信息简洁明了，能瞬间扣住人心，从而成为广告的主要表现手段之一。平面广告设计在创作上要求表现手段浓缩化和具有象征性，一幅优秀的平面广告设计具有充满时代意识的新奇感，并具有设计上独特的表现手法和感情。"少即是多"的主题是极简主义的关键所在，极简主义平面广告看起来虽简单，实际却传达了很多品牌信息。

广告的极简主义美学几乎与广告发展历史的进程同步。从最初简单的平面文字广告，到现在各种各样的多媒体广告，都能寻觅到极简美学的踪迹。广告的初衷是信息的传递，将信息以最简洁、最有效的方式传递给受众，当然这也是区分广告优劣的重要标准。极简主义最显著的特征就是简洁和明确。极简主义者的宣言是"少即是多"，即使用最简单的形式、最基本的处理方法、最理性的设计手段以求得最深入人心的艺术感受。正如阿恩海姆所说："人类眼睛倾向于把任何一个刺激样式看成是已知条件所允许达到的最简单的形状。"这也是广告效果的具体要求之一：使受众在最短的时间里最大限度地接纳广告所传递的强而有力的信息。当今社会快节奏、高效率和满负荷，人们倾向于摆脱繁琐复杂的心理压力，追求简单透明的心理慰藉，广告的极简主义美学就是针对现代人如此心理需求的回应，着力于用最健康、最简洁的方式来传递信息。近年来，中国广告业进入"高度成长期"，极简主义美学不仅是一种社会时尚，更是现代广告业发展的方向。

广告设计者们应该顺应社会变革，适应当下的设计语言，以极简主义的美学理念创作出符合受众需求的广告，这就要求做到：

（1）艺术性

极简主义的精髓是简洁、明快、充满时尚感，简约是极简主义广告设计的具体要求。看似极度简约的符号背后却包含着深层复杂的思考和精准的计算，以实现形式与功能、设计与素材、物质与精神的平衡。

（2）大众性

极简主义风格的广告必须为大众所理解并能与之迅速交流。强调形式简约的同时，让受众自主参与作品的构建，使受众自身成为广告的一个组成部分，增加互动性，从而就可以对广告的感受更具体、更直观。

（3）真实性

真实可信是广告生命延续的力量，而夸张则是广告最常用的技巧和手段，如何把握二者的度就成了广告生命力的关键。极简主义美学的核心之一是对内容认真地提炼，夸张必须建立在真实的基础之上，减除多余的信息就是对真实与夸张关系的平衡与把握，如此就可以真正能做到"娱人却不愚人"。

案例1　可口可乐

如图5-45所示为可口可乐广告。

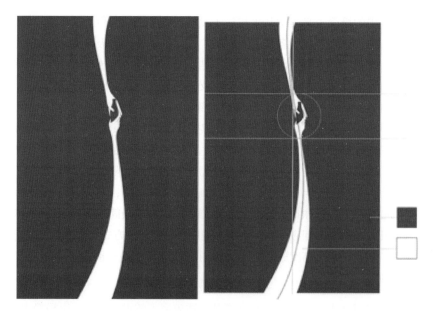

图5-45 可口可乐广告

有趣的创意：把可口可乐的辅助图形演化成两只正在分享可口可乐的手，而且采用了正负形结合的方式；

信息传达清晰：可口可乐、分享；

极致的细节：线条流畅优美、轮廓清晰；

好看的构图：垂直居中构图，左右平衡且视觉中心在水平线偏上的位置；

简单漂亮的配色：经典的红白配色；

大量留白：画面主视觉左右两边都有大量留白；

视觉集中：视觉中心位于两手之间；

没有多余的元素：整个画面只有中间的飘带元素，连标志都没设有。

干净的背景：纯红色。

案例2　乐高玩具

如图5-46所示为乐高玩具广告。

有趣的创意：简单的几块积木倒映出一艘轮船的形状，蓝色的背景犹如大海，寓意乐高玩具可以锻炼小孩的想象力；

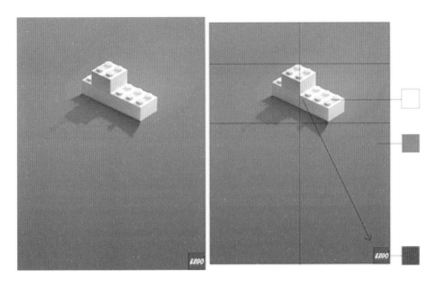

图5-46　乐高玩具

信息传达清晰：乐高、积木、想象力；

极致的细节：从光照到积木的质感，再到投影的处理都很细致；

好看的构图：垂直居中构图，且视觉中心在水平线偏上的位置；

简单漂亮的配色：大面积的蓝色与局部的白色还有标志的红色；

大量留白：画面主视觉只占版面的十分之一左右；

视觉集中：一眼就能看到那几块白色的积木；

没有多余的元素：空空如也，没有任何装饰元素；

干净的背景：犹如大海的渐变蓝；

有序的视觉流程：第一眼看到上面的图案，然后目光会移向右下角的品牌标志。

案例3　其他

（1）玉兰油护肤产品

如图5-47所示，Ctrl+Z（表示"撤销"）的玉兰油护肤产品让你"撤销"衰老，恢复青春不老容颜。

图5-47　玉兰油护肤产品

（2）折叠自行车

如图5-48所示为折叠自行车广告。就像这白色纸折叠表一样，你的自行车就可以做到。

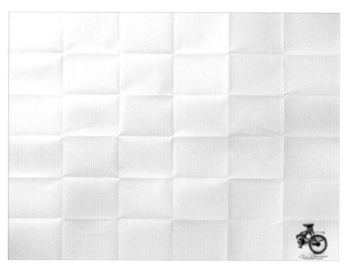

图5-48　折叠自行车

（3）楼梯

"父母说，孩子做。"楼梯造型，简单柔和的颜色搭配，创造性地传送了儿童保健的信息（图5-49）。

图5-49　楼梯

（4）ATM

如图5-50所示，这个ATM创意广告利用了拼图的概念，明确表达了自动柜员机连接你我的重要性。

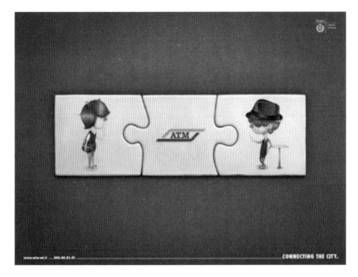

图5-50　ATM

（5）哥伦比亚服饰

如图5-51所示，灰白的百叶窗创意，印证了哥伦比亚的服饰简约的色调风格。

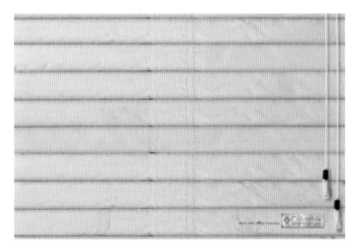

图5-51　哥伦比亚服饰

（6）佳能防水相机

如图5-52所示，简洁有效的设计，完美的配色和水下鲸鱼的轮廓，说明防水相机的特色功能。

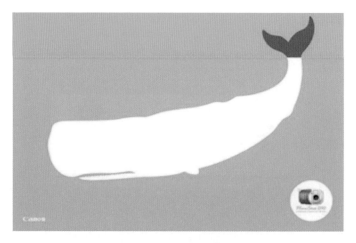

图5-52　佳能防水相机

（7）Facebook

如图5-53所示，该广告标志着阅读一本书的重要性。

图5-53　Facebook

（8）李维斯修身牛仔裤

如图5-54所示为李维斯修身牛仔裤广告，极简创意，李维斯修身牛仔裤让你尽情展现婀娜身材。

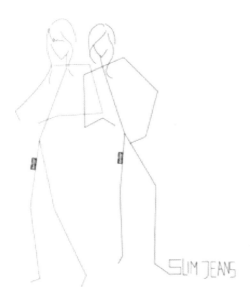

图5-54　李维斯修身牛仔裤

（9）雪铁龙SUV

如图5-55所示为雪铁龙SUV广告，无论雪山，或是丛林，全部轻松跨越。

图5-55　雪铁龙SUV

5.4 包装

设计的美学既体现出一个时代的科学技术的发展水平，又体现出一个民族、一个时代的审美能力和审美需求。因而设计美学的发展，本身就是人类物质文明和精神文明发展的一个必然结果。如今，商品就不仅仅是为了包装而包装，而是通过包装本身传递出一种新的价值观和对美的认识。极简主义明显的特征是真切与简洁。极简是包装设计过程中追求的目标，它所追求的是一种真实的、无杂质的艺术效果，从而使包装设计方案更有生命力。

极简主义是一直存在于包装设计美学根基中的单纯、简洁的设计语言，在极简中呈现自然，在纯粹中呈现精致。

案例1　某品牌橘子汁

如图5-56所示为国外某品牌橘子汁包装。

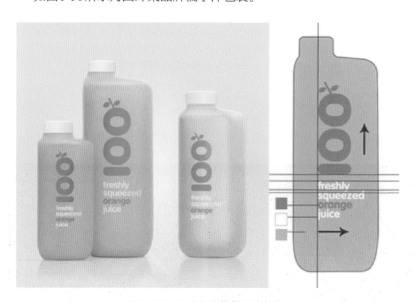

图5-56　国外某品牌橘子汁包装

合适的字体：圆角粗黑体与圆滑的包装结构非常搭配，整个包装只用了一种字体；

考究的排版：所有元素左对齐，行间距分为两种，100%与小字之间的间隔要大于四行小字之间的间隔，这么做既能使小文字单独形成了一个整体，又方便阅读；

鲜明的对比：集中了方向对比、大小对比、长短对比、稀疏对比、颜色对比等；

没有多余的元素：只有文字，没有任何多余的东西；

简单漂亮的配色：橘子汁的固有色是橘黄色，所以字体就相应使用了一个浅色和一个深色——白色和深橘黄色；

有趣的创意：把100%的"%"符合演化成两片小树叶，正好与下面的"0"组合成一个橘子；

有序的视觉流程：最大的视觉点位于最上方，能成功吸引消费者的目光，便从上往下阅读。

案例2　3M消音耳塞包装

如图5-57所示为3M的Solar earplugs（太阳能耳塞）消音耳塞开发的有趣的包装，设计师将高保真音响系统上常见的音量加减旋钮巧妙地融合到了包装盖上，简单而有效地传达了消音耳塞对周围声音的阻隔效果，寓意着你可以随时调低周围的音量。

图5-57　3M消音耳塞包装

案例3　LELEKA巧克力包装

LELEKA是一款乌克兰巧克力品牌，产品主要以黑巧克力为特色，品牌由乌克兰设计师Aleksey Kaplaukh完成。

巧克力包装以黑白两色为主，整体视觉效果极简时尚，在包装上标志和文字比例非常小，留白区域大，标签从正面半包到背面，形成一个视觉引导作用（图 5-58）。

图 5-58　LELEKA 巧克力包装

案例4　澳大利亚的美妆品牌O&M产品

如图 5-59 所示为澳大利亚的美妆品牌O&M产品包装。

合适的字体：简洁的包装搭配简洁的字体，一个是圆角的标志字体，一个是等线体（分细体和粗体两种）；

考究的排版：文字根据瓶形的结构采用竖排，所有元素顶端对齐，行间距根据信息类别分为三种，美观且便于理解；

鲜明的对比：集中了粗细对比、大小对比、长短对比、稀疏对比等；

没有多余的元素：除了文字还是文字；

简单漂亮的配色：米白色的瓶身搭配深褐色文字；

有序的视觉流程：从右到左，从大到小，依次是品牌名、产品名、产品功效、净含量等。

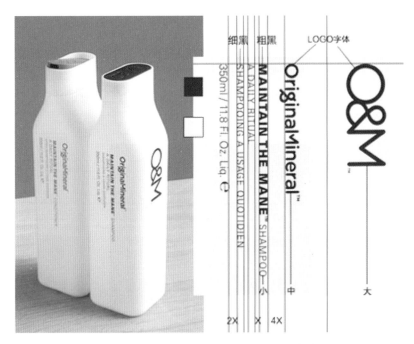

图5-59　澳大利亚的美妆品牌O&M产品包装

5.5　品牌形象

品牌形象是指企业或其某个品牌在市场上、在社会公众心中所表现出的个性特征，它体现公众特别是消费者对品牌的评价与认知。品牌形象与品牌不可分割，形象是品牌表现出来的特征，反映了品牌的实力与本质。

品牌形象VI的创作，是为了使该品牌形成与众不同的独特形象识别体系，受众在看到品牌形象VI时，能够自动关联该品牌的形象内涵。因此，一套极简风格的VI形象设计，能够精准地传达出企业的精神。

案例1　美国视频拍摄工作室Terri Timely

Terri Timely 是美国加州的一家视频拍摄工作室，主要专注于用独特及幽默的视角制作电视短片、音乐影片及电视广告，其广告的客户包括了一些知名的企业，如亚马逊、IBM及三菱、日产汽车等的大客户。

虽然品牌名称已经与时间有关，但看到品牌形象直接采用字母形成表盘及刻度仍然让人感觉意外及独特。三个指针的摆放也再次呼应首字母T。视频制作与时间轴这个概念紧密相关，时间的转动无疑与视频的播放取得了关联。

整体由于采用简单的线条构成，字母也采用了Cádiz字体，一种较中性的非衬线体，与整体时尚及简洁的气息相搭配。颜色相当简约，只有黑、白、红三种，恰当的选择，在黑色及近乎白色的背景中，红色秒针的移动让人无法忽略（图5-60）。

图5-60　品牌形象直接采用字母形成表盘

名片背面的设计也颇值得称道，简单的几条秒针的红色线条，就呈现了一种简约的现代气息，巧妙的呼应（图5-61）。

图5-61　名片

网站的界面设计也同样遵循了简洁的原则（图5-62）。

而在实际的电子媒介应用中，这个时钟真的能走，而且非常准时（Timely）。当用户打开他们的网页时，网页上这个标志的指针所指示的时间与用户电脑所设定的时间是一致的。这种呼应，无疑极大地强化了品牌的形象。

图5-62　网站界面设计

案例2　奥迪

如图5-63所示为奥迪标志演进图。

图5-63　奥迪标志演进图

2016年，奥迪采用扁平化新标志，对此官方认为，扁平化的标志所占用的容量没那么大，对于图形的输出与输入可以更快，看起来也更有质感，也更能适应互联网时代的潮流。

扁平化设计将设计中的阴影与立体感拿掉，让图示看起来更简单，虽然新标志扁平化了，可在使用时却可以比原来的金属标志演绎出更多的内涵（图5-64）。

图5-64　奥迪新标志

　　奥迪是德国历史最悠久的汽车制造商之一，这次把商标扁平化的举动，正呼应了未来互联网运作的需要，以及美学将以更简约的方式迈进。

　　如图5-65 ~ 图5-70所示为奥迪品牌的其他元素的设计。

图5-65　品牌口号一般缩小放置在版面边缘

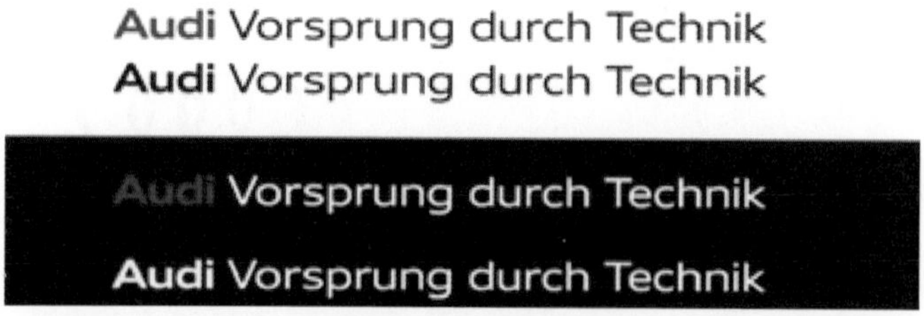

Audi Vorsprung durch Technik

Audi Vorsprung durch Technik

Audi Vorsprung durch Technik

Audi Vorsprung durch Technik

图5-66　奥迪字体系列

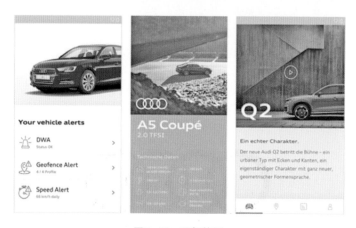

图5-67　图标使用

图 5-68　广告排版

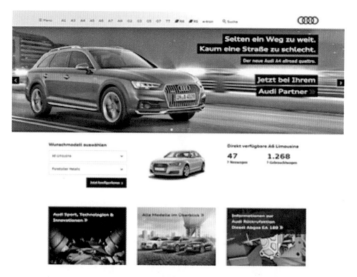

图5-69　官网

图5-70　宣传图片

案例3　加拿大红十字会（CRC）

　　2019年加拿大红十字会将迎来110周年，并展开相关的庆祝活动。为此，该组织邀请设计公司为其设计了全新的红十字会标识。在设计的过程中，着重将解决在数字应用环境中的展现和应用。设计公司为其重新设计视觉识别指南，新的形象简单干净，提升了品牌的识别度和公众接受度，将红十字会的核心价值尽可能地进行了传播和表达（图5-71、图5-72）。

图 5-71 新旧标志对比

图 5-72 加拿大红十字会（CRC）品牌形象系统设计

第 6 章

极简主义UI设计

Minimalist Design

6.1 APP及系统

APP是英文Application的简称，随着智能手机和iPad等移动终端设备的普及，人们逐渐习惯了使用APP客户端上网的方式，而目前国内各大电商，均拥有了自己的APP客户端，这标志着，APP客户端的商业使用，已经开始初露锋芒。

看多了冗杂的色块和繁复的线条不免有些审美疲劳，简约正在成为当代人的审美标准，无论是排版还是交互，越简单的设计反而更加吸引人。不仅用户的审美在发生改变，设计师们也在为此而努力着。

在当下移动APP作为主流的时代，手机APP设计风格也倾向于极简主义设计风格。因为极简设计风格追求的少即是多，APP设计采用这样的风格，可以让用户更直观地看到APP软件最重要的内容，也在最大程度上让用户少分心。

6.1.1 APP的极简设计要点

极简风的APP设计通常要具备几个特征：简洁、清晰、一致，并且可用。你的APP的交互体系应当通过清晰的视觉传达方式帮用户定位并解决问题。要做好这一点，可以从下面几点着手。

6.1.1.1 简单的配色方案

简化配色方案能够很好地帮你改善用户体验，太多的色彩可能会对一个极简的设计产生负面的影响。但是，限制色彩的数量并不意味着你只能使用黑白色调，而不需要其他的色彩。极简主义的配色讲究的是使用必要的颜色来构建整个视觉体系。

（1）单色配色

单色配色方案通常是由特定色彩的不同深浅、不同色调所构成的。通过调整这一色彩的饱和度、明暗来生成协调的配色方案。

如图6-1所示，Clear（任务和待办事项清单APP）的iOS（由苹果公司开发的移动操作系统）客户端就采用了极简的单色配色风格，采用有梯度的同色系来呈现层次。

图6-1　单色配色

（2）类似色配色

　　色轮上彼此相邻的色彩是类似色，它们能在色彩上营造出协调而连续的感觉。虽然这种配色不是那么好把控的，但是有诀窍，就是注意选取有感染力的色调作为核心，这样可以最大化利用整个方案。一套类似色的配色方案通常是在色轮的同一区域内选取色彩搭配而成（图6-2）。

图6-2　类似色配色

　　另外，可以试着在你的设计中采用大胆的配色方案，通过调整字体尺寸和带有强调性的色彩，将用户的注意力吸引到特定的区域。

6.1.1.2　模糊效果

　　模糊效果出现在极简化UI设计中是一件非常符合逻辑的事情，因为它先天就能够强化UI的层次感。多层次的UI结构中，模糊效果使得用户能更容易分辨前后层级的差异和前后关系。而模糊效果同时也赋予了UI设计师探索不同菜单和布局设计的可能性。

　　如图6-3所示，雅虎天气APP中，每个不同的城市都会有一张漂亮精致的照片，只需一个点击就能看到关于这个地点的更详细的关键信息。相比于用一个全新的界面来遮盖漂亮的背景，雅虎的设计师让背景模糊虚化，以保留UI的使用场景，不会让用户有跳出界面的感觉，而模糊的背景和前景的内容又构成了良好的对比度。这样的交互更加直观微妙，主界面和详细信息之间的联系又足够紧密，逻辑清晰。

图6-3　雅虎天气APP

6.1.1.3　聚焦数据

　　如图6-4所示，使用大字体和醒目的色彩来让特定的数据成为视觉的焦点。普通的数据和内容使用中性的黑白灰来展现，而关键的数据则使用强对比的色彩，起到行为召唤的作用，这样可以让用户的注意力更加集中。

　　明亮的色调加上中性的色调是最容易搭配的方案，同时也是视觉上最引人注意的方案。被放大的字体和更加显眼的色彩无疑在整个界面中更加具有视觉吸引力，无需更多提示，用户就知道眼睛应该看哪里。

图6-4　聚焦数据

6.1.1.4　文字元素的简化与清晰

如图6-5所示，几种不同的字体在一个APP中混用，会让你的APP显得散漫而马虎。减少屏幕上字体类型的数量，可以强化排版的效果。当你设计APP的时候，尽量试图通过控制同一字体的字重、样式、尺寸和色彩来营造不同的布局体验，而非换不同的字体。

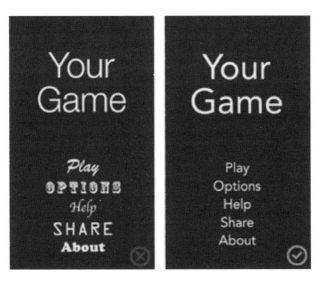

图6-5　文字元素的简化

当你在为你的APP选择字体的时候，选择平台的默认字体可能是最安全稳妥的选择。如图6-6所示，苹果公司目前在全平台上使用的是San Francisco字体，iOS 9上将这种字体标记为SF-UI。Roboto和Noto则是Google Android和Chrome上的默认字体。

图6-6　San Francisco字体

6.1.1.5　通过空间而非线条来分隔元素

设计师常常会用线条来分割区块，表明界限，划分屏幕功能区域。但是当界面元素多起来之后，这些边界、衬线、分隔线会让整个界面拥挤不堪。

精简分割线会给你一个干净、现代且功能突出的界面。想要分割、区分不同的元素，方法有很多，比如使用色块、控制间距、添加色彩和内容等。如图6-7所示，谷歌日历就是一个相当好的例子，适度的阴影，明快而易于聚焦的色块，充满呼吸感的间距，让不同的区块、内容都清晰地分隔在屏幕上不同的地方。

图6-7　谷歌日历

6.1.1.6　线条和填充式图标设计

图标是UI设计中的重要元素，也是视觉传达的主要手段之一。图标应当是简约的，作为视觉元素它应当能让用户立即、快速地分辨出来。iOS 7之后的iOS系统就开始走上简约的设计路线了，其中图标大多使用了线条和填充式的设计。如图6-8所示为iOS的时钟图标的两种样式。

图6-8　iOS的时钟图标的两种样式

　　如图6-9所示，界面底部的Tab菜单栏，它作为应用内导航使用的时候，通常是常驻于底部，所以当用户进入某个功能模块的时候，需要高亮某个图标，让用户明白他们所在的地方。这个时候，灰色的线性图标表示为未选中的状态，而填充上鲜艳蓝色的图标则用来表示选中的状态。这样一来，这些图标的可用性就显得相当好了。

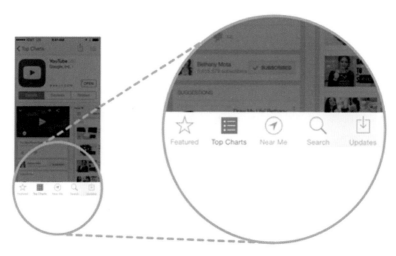

图6-9　填充式图标设计

6.1.1.7　大胆地使用留白

　　充满呼吸感的布局是极简主义设计中常见的元素，也几乎是必要的组成部分。留白指的是留出空间，它并不一定必须是白色。在极简风的设计当中，留白的存在让视觉焦点更为突出，此外，它还塑造出整个设计的空间感和区域，呈现整体框架和布局。

　　如图6-10所示，Medium（轻量级内容发行的平台）的客户端当中，浅灰色的留白为整个排版布局填充出了框架。

　　较多的留白会让用户主动去找视觉重心。所以留白的另外一个成为是负空间，它们确实能够有效地引导用户的眼睛去注意到特定的元素。如图6-11所示，Sky的iOS APP就是通过留白让用户更易于识别信息的层次。

图6-10　Medium 的客户端

图6-11　Sky iOS APP

6.1.2 案例

案例1 苹果iOS 11界面及应用图标新设计

全新的iOS 11除了优化界面设计的同时还重新设计了应用图标。截至2017年8月底，iOS 11中经过重新设计的图标有9个，后续可能还会增加。

目前在调整的9个应用程序图标新旧对比中可以发现，其中改变最大的有地图、提醒事项、通讯录（图标中去掉了联系人列表快速检索的字母，加入了男女图案。）以及iTunes Store（iTunes Store直接由之前的音乐符号变为五角星）和App Store。

（1）App Store

App Store的图标自2008年后就没有什么改变，而在这次的iOS 11中它变得更加扁平化了。从之前的铅笔、毛笔、尺子叠放变成了三段线条的交错，熟悉iOS系统的用户一定不会认错，因为新图标依旧保留了之前的元素（图6-12）。

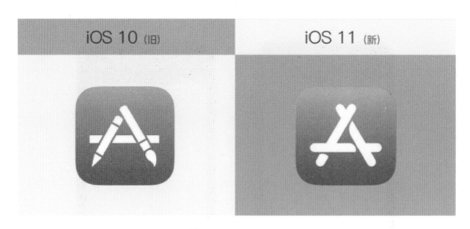

图6-12　App Store

（2）地图

新的地图图标重新截取了一块地理位置，但还是苹果总部的地址库比蒂诺（Cupertino）市的Infinite Loop(无限回圈路)1号。同时还是保留了数字"280"，蓝色的导航箭头也变得比较大。而上面的数字"280"便是苹果总部附近的280公路，都是真实存在的（图6-13）。

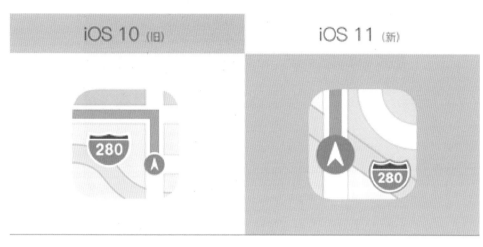

图6-13　地图

（3）时钟

时钟的整体基本没有做太多调整，而是将时间数字选择了更粗的字体（图6-14）。

图6-14　时钟

（4）计算器界面

如图6-15所示，右图为iOS 11中经过全新设计的计算机界面。

图6-15　计算器界面

（5）控制中心

如图6-16所示，右图为iOS 11中经过全新设计的控制中心。

图6-16　控制中心

（6）内置播放器界面

如图6-17所示，右图为经过重新设计的内置播放器界面。

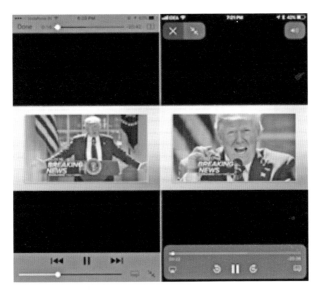

图6-17　内置播放器界面

（7）应用程序下载页面

如图6-18所示，右图为应用程序下载页面的界面设计。

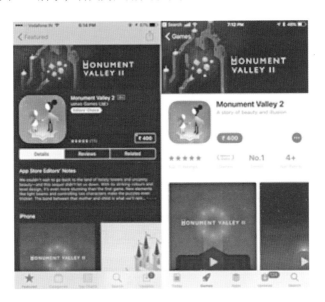

图6-18　应用程序下载页面

案例2 《午间太平洋》（Noon Pacific）

　　如图6-19所示，Noon Pacific是一个由个人建立的音乐博客，用户只要输入他的邮箱地址，不需要任何的登陆操作，接下来就可以坐等每周周一的中午推送到邮箱的"好货"。

图6-19　Noon Pacific音乐博客

　　如图6-20所示，周一正午，打开推送至用户邮箱的链接，按下播放键，就可以收听到作者从Sound Cloud（音乐分享网站）为他挑选的十首歌。从摇滚到混音，每首歌的相同点都是特别轻快，可以扫除周一带来的消极情绪，喜欢就继续，不喜欢就按下一首。

图6-20　推送到邮箱的音乐

十首听完，如果用户还意犹未尽，播放器会自动播放前一期的专辑。滚动到网站下方的Mixtapes（混音带），用户还可以选择往期的精选专辑，从国内的热门大众音乐逃离出来，偶尔听听这些小众的音乐，给人带来不一样的新鲜感（图6-21）。

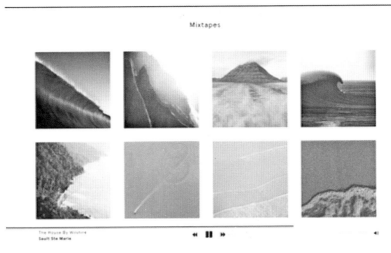

图6-21　用户可以选择往期的精选专辑收听音乐

除了网页版，Noon Pacific还在iOS和Android推出了客户端。Noon Pacific APP除了播放音乐功能，没有其他附带的功能。界面十分简洁，打开APP就直接进入播放界面，你只要按下播放键，将会播放本期精选的十首歌曲，当然也可以进入播放列表选择其他的歌曲（图6-22）。

图6-22　Noon Pacific APP界面

如图6-23所示，如果用户想回味往期的专辑，滑动右边界面则可以看到往期的专辑。虽然每周只推送10首歌曲，但是到目前为止Noon Pacific已经推送了四千多首歌，资源可以说是非常丰富的。

图6-23　滑动右边界面可以看到往期的专辑

Noon Pacific除了满足用户听觉上的愉悦，也很注重给用户带来的舒适的视觉享受。除了歌曲是作者精挑细选的，还可以看到每张专辑的封面也是有着统一风格的大海和森林（图6-24）。

图6-24　有着统一风格的专辑封面

案例3　YouTube

随着YouTube（视频短片分享服务网站）推出电视节目——电视节目将允许付费用户观看实时的ABC、CBS、FOX、NBC、ESPN和其他常见有线电视的节目——YouTube与用户的关系变得更加根深蒂固。为了整合新业务，YouTube推出了一个精致的播放按钮和新的品牌字体。如图6-25所示为新旧标志对比。

图6-25　新旧标志对比（右为新）

如图6-26所示，由Saffron公司设计的YouTube的专属品牌字体为无衬线字体，笔画针对标志做了调整，笔画的尖角与标志中的三角相呼应，显得锐气十足，小写字母"i"下部的弯钩又带着那么一丝丝俏皮。

图6-26　不同字重的字体家族

如图 6-27 所示，在新的设计中，YouTube 的标志与品牌字体建立了关联，标志成了字体的一部分。

图 6-27　字体与标志的呼应

如图 6-28 所示，YouTube 电视 APP 的设计也遵循极简的设计风格。

图 6-28　YouTube 电视 APP

6.2　网页

只需少量的用户交互即可快速显示极简风格网站设计的整体质量。这是因为推动极简主义兴起的原始想法是在功能的本质上实现最高的标准。干净和简单明了的网站结构设计同样可以像那些拥有花哨装饰元素的网站一样吸引人。此外，它经常能够产生更好的用户体验，因为页面足够简单，不必当心次要的元素或内容导致用户分心。

极简主义是将网站设计中的元素数量控制在只保留真正至关重要和有用的元素，元素可能会具备多种功能，同时仍然保持清晰以及有目的的。

一个优秀的极简主义设计师能够理解——审美的简单往往是结构简单的产物。尽管并非所有类型的网页设计都适用于这种风格（如非常复杂的电子商务网站），但是在设计中使用极简主义的人也很乐意使用它来改变一些网站设计的风格。

6.2.1　网页极简设计的原则

苹果的首席设计师乔纳森·伊夫阐述出了极简设计的哲学理念："简洁之美将影响深远，包容、高效。真正的极简不仅仅是抛去了多余的修饰，它给复杂带来了秩序。"

极简主义在网页设计中需要遵循的设计原则如下所述。

6.2.1.1　创建简单的深度体验

每个优秀的极简主义网页设计中，都强调功能和用户体验。虽然布局、调色板和动画效果有限，但是你需要通过有效的设计将用户的注意力集中引导向特定元素上。例如，Gigantic Squid的网站设计通过消除额外的多余元素，可以有效地将用户的注意力集中在他们的照片上（图6-29）。

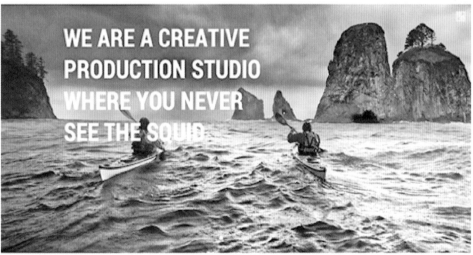

图6-29　Gigantic Squid

但是，你还要传达一种信息，就是虽然网站可能很简单，但它提供了用户需要深入挖掘的工具：全屏观看的选项，展示其后期制作功能之前／之后选项，以及简单的导航元素。

如图6-30所示，The minimal music quiz是另一个值得参考的网站设计，它显示了简单是如何有深度地传达概念。这是一个很好的例子，因为网站本身不仅设计简约，而且展示的插图也是如此。该网站表明，识别这些图像背后的意义很有趣，足以使游戏摆脱活动。它通过意象很好地使用户和网站之间产生了共鸣。

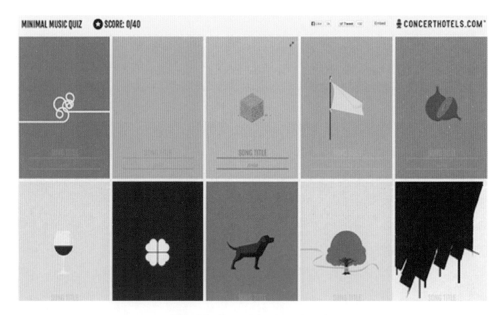

图6-30　The minimal music quiz

6.2.1.2　平衡

基于简约风格的网页设计上出现的元素很少，如果这些元素之间的平衡被打破的话，这一点更为明显。很大程度上，为了实现简约风格的许多设计被网格布局严格地定义和组织，当网格的规则被严格地应用于设计时，所有的组件都倾向于以视觉上和谐的方式分布。然而，网格布局并不总是必须看起来一样。

如图6-31所示，Ink and Spindle在其网站设计中显示了如何与网格对齐同时不意味着将所有内容都统一。相反，使用网格系统作为创造性平衡其内容的框架。

图6-31 Ink and Spindle

6.2.1.3 对比

如何使你的极简主义网站设计在有效性以及实用性和体验性上有别于其他类型的网站，对比是另一个需要重点考虑的对象。

如图6-32所示，Type Connection 在其网站设计中就提供了一个很好的例子来说明如何通过对比的程度来吸引用户的注意力并激发设计的整体视觉。它通过在灰色的背景上翻转具有比较强烈对比色的卡式内容区来达到一种类似于户外广告板的效果。不过，这在一个拥有大量色彩的网站设计上将不会那么有效。

图6-32 Type Connection

6.2.1.4 不同寻常的"调"

有时候，在简约风格的网站设计中，有些看起来复杂和繁忙的元素，通过简单性的提取和稍加润色以后，可能会更前卫和有趣。例如当一个设计打破网格布局时，即使是以最简约的方式，它也会产生一个有趣和令人关注的改变。

Case 3D（提供三维可视化机构）和Pierrick Calvez在其APP界面设计中，同一应用程序所展示的示例并不相同。如图6-35所示，在Case 3D中，对角线将整个主页平分，提供视觉兴趣，以其他方式标准布局，而不会突显。如图6-34所示，Pierrick Calvez具有较少的不规则处理，但产生同样有趣的结果：背景图像以相同的对角角度排列。

图6-33　Case 3D

图6-34　Pierrick Calvez

6.2.1.5　强调互动

简约风格的网站升级一般缺乏能够吸引人深入的元素，所以它们必须在交互或者用户和网站的互动上来弥补这点。随着过去几年网络技术的进步，在设计中利用简单的CSS（Cascading Style Sheets，层叠样式表）动画变得比以前更容易以及频繁。而当涉及简约风格趋势时，这些简单的动画可以产生巨大的影响。

如图6-35所示，当Sam King的网站布局比较单一的时候，他通过简单的悬停效果，很好地吸引了观众的注意力。网页设计仍然保持干净，简单的风格，但是在设计深度方面已经做了进一步的优化。没有这些交互式的体验，静态的简约风格网站往往会失去用户的兴趣。

图6-35　Sam King

6.2.2　案例

案例1　Leodis

如图6-36所示，这个网站深得扁平化设计理念的精髓，几乎上升到一个全新的境界。漂亮的图片被置于简约的排版中，引人入胜。该网站真正与众不同的是它的配色，强烈的对比令网站的色彩不再"扁平"，这种错落令人着迷。

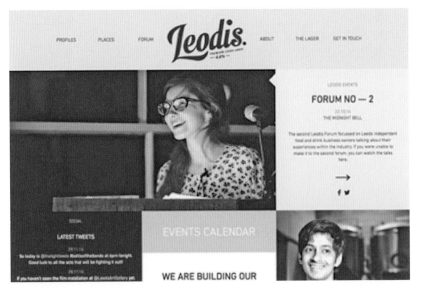

图6-36　Leodis

案例2　Brian Danaher

Brian是一名设计师、插画家以及艺术总监。他的网站主要依赖于两大设计方法：加粗字体和永远无法错过的单栏式布局。虽然看起来有点"简单粗暴"，但是如图6-37所示，Brian的这种设计实现了两个至关重要的目标：

① 导航栏设计成单栏的形式，主要的信息清晰直观地展现在用户面前，Brian是谁，他是做什么的，他的作品有哪些，怎么联系他，都清晰地呈现在屏幕上。

② 使用对比度（字体和背景的色彩对比，字体和字号尺寸的对比）给用户呈现出有趣的内容。

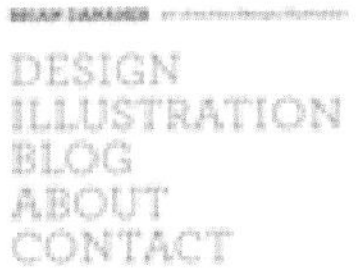

图6-37　Brian Danaher

案例3　Steven Held

如图 6-38 所示，这个网站设计非常简洁，放眼望去一目了然，但所有细节都是经过设计师深思熟虑的。用户需要了解的"是什么？怎样做？为什么？"，非常清晰、明确。在色彩上，运用了大家熟知的 CMYK 配色方案。

图 6-38　Steven Held

案例4　Quay

在这里，极简设计从未如此美丽。如图 6-39 所示，Quay 餐厅的网站使用漂亮的大图背景吸引用户，全屏式的幻灯片式展示堪称完美，加载迅速，并且切换的节奏都控制得非常好，网站导航栏被挪到屏幕底部，这使得网站的浏览体验更好。随着页面滚动，导航栏会自然地移动到页面顶部。网站设计层次清晰，也保持着一定的复杂度。

图 6-39　Quay

参 考 文 献

[1] 原研哉著. 设计中的设计 [M]. 朱锷等译. 济南：山东人民出版社，2006.

[2] 王受之. 世界现代设计史 [M]. 北京：中国青年出版社，2002

[3] 王绍强. 漫步设计系列——英国设计 [M]. 北京：电子工业出版社，2011.

[4] 王绍强. 漫步设计系列——日本设计 [M]. 北京：电子工业出版社，2011.

[5] 王绍强. 漫步设计系列——芬兰设计 [M]. 北京：电子工业出版社，2011.

[6] 李四达. 交互设计概论 [M]. 北京：清华大学出版社，2009.

[7] 董豫赣. 极少主义 [M]. 北京：中国建筑工业出版社，2003.

[8] 王受之. 世界现代设计史 [M]. 北京：中国青年出版社，2002.

[9] 善本出版有限公司. 简约不简单——极简风格产品设计 [M]. 北京：电子工业出版社，2016.

[10] 善本出版有限公司. 少则多 以密斯·凡德罗的哲学做减法设计 [M]. 北京：人民邮电出版社，2017.

[11] 程艾. 极简主义理论研究及其在中国景观设计中的应用 [D]. 成都：四川农业大学，2015.

[12] 黄奕佳. 极简主义产品设计研究及内涵探索 [D]. 南京：南京航空航天大学，2010.

[13] 廖雪峰. 从社会学家角度试析极简主义的设计思想 [D]. 武汉：武汉理工大学，2013.

[14] 罗婧瑄. 极简主义在扁平化风格网页设计中的应用与研究 [D]. 兰州：西北师范大学，2015.

[15] 康续翰. 当代极少主义建筑的特征和细部 [D]. 上海：同济大学，2006.

[16] 孙哲. 极简主义的现代商业空间展示设计研究[D]. 长沙：中南林业科技大学，2014.

[17] 朱宇婷. 极简主义风格的平面设计研究[D]. 芜湖：安徽工程大学，2012.

[18] 方姝尹. 现代女装设计中的极简主义风格研究[D]. 南京：南京艺术学院，2014.

[19] 冯丹. 解析极简主义的设计风格[D]. 沈阳：沈阳师范大学，2013.

[20] 唐莹现代北欧与日本室内设计中的极简主义比较研究[D]. 合肥：合肥工业大学，2016

[21] 朱桦榕. 极简主义风格服装品牌的研究[D]. 苏州：苏州大学，2016.

[22] 徐孟瑾. 基于极简主义视觉体验的APP界面设计研究[D]. 无锡：江南大学，2016.

[23] 李琳. 极简主义风格在网页界面设计中的应用[D]. 长沙：湖南大学，2016.

[24] 丁诗萌. 手机端用户界面设计中极简主义风格的应用[D]. 武汉：湖北工业大学，2015.

[25] 崔斯坦，埃文斯. 开放的互动——对极简主义音乐，造型艺术和新媒体的探讨[J]. 符号与传媒，2014（01）：108-122.

[26] 郭萌. 极简主义在现代室内设计中的应用[J]. 北方工业大学学报，2010（02）：80-83.

[27] 张亚敏. 论极简主义美学在广告传播中的运用[J]. 设计艺术研究，2014（03）：86.

[28] 袁元. 商业展示空间设计中的"围与透"[J]. 现代装饰（理论),2014（05）：108.

[29] 罗启康. 几何化与简约化下的西方艺术流派[J]. 艺术探索，2002（05）：59-61.

[30] 陈晨. 极简主义在服装设计中的风格倾向[J]. 科技信息，2011.

[31] 章镇强. 浅谈西方景观的极简主义设计思想[J]. 价值工程，2011.

[32] 王斯琳.服装中的极简主义[J].艺术科技，2015（07）：99.

[33] 李云.极简主义运动的兴起[J].装饰，2014，10（258）：12-19.

[34] 郭林森，杨明朗.极简主义在日常用品设计中的应用研究[J].包装工程，2015（12）：127.

[35] 张丹棋.极少主义——简约之美[J].清华大学建筑学院，2015（8）：49-50.